HOW WE KNOW WHAT WE KNOW

ABOUT OUR CHANGING CLIMATE

科学家给孩子的第一堂自然保护课

【美】林恩·切利　加里·布拉希______著　常媛______译

湖南科学技术出版社

图书在版编目（CIP）数据

科学家给孩子的第一堂自然保护课 /（美）林恩·切利，（美）加里·布拉希著 ；常媛译. — 长沙 ：湖南科学技术出版社，2020.1

ISBN 978-7-5357-9772-8

Ⅰ. ①科… Ⅱ. ①林… ②加… ③常… Ⅲ. ①环境影响－普及读物②气候变化－普及读物 Ⅳ. ①X820.3-49②P467-49

中国版本图书馆 CIP 数据核字(2018)第 068634 号

著作权合同登记号： 18-2016-263

科学家给孩子的第一堂自然保护课

著　　者：[美]林恩·切利　加里·布拉希
翻　　译：常　媛
责任编辑：刘　英 李　媛
出版发行：湖南科学技术出版社
社　　址：长沙市湘雅路 276 号
　　　　　http://www.hnstp.com
湖南科学技术出版社天猫旗舰店网址：
　　　　　http://hnkjcbs.tmall.com
印　　刷：长沙德三印刷有限公司
　　　　　（印装质量问题请直接与本厂联系）
厂　　址：宁乡市城郊乡东沩社区东沩北路 192 号
邮　　编：410600
版　　次：2020 年 1 月第 1 版
印　　次：2020 年 1 月第 1 次印刷
开　　本：710mm×1000mm　1/16
印　　张：9.5
书　　号：ISBN 978-7-5357-9772-8
定　　价：59.00 元

How We Know What We Know About Our Changing Climate

Scientists and Kids Explore Global Warming

by Lynne Cherry and Gary Braasch
With a Foreword by Prof. David Sobel

Dawn Publications

DEDICATION

To our Moms and Dads, for helping their kids learn to explore and appreciate nature, and To Ross Gelbspan, for shoutinq until he heard an echo. —LC&GB

Library of Congress Cataloging-in-Publication Data
Cherry, Lynne.
How we know what we know about our changing climate: scientists and kids explore global warming / by Lynne Cherry and Gary Braasch
p. cm.
Summary: "Here is the science behind the headlines: evidence from flowers, butterflies, birds, frogs, trees, glaciers and much more, gathered by scientists from all over the world, sometimes with assistance from young 'citizen scientists;' also presenting what can be done to learn about climate change and to take action to make a difference" —Provided by publisher.
Includes bibliographical references.
ISBN 978-1-58469-103-7 (hardcover) -- ISBN 978-1-58469-130-3 (pbk.)
1. Climatic changes--Juvenile literature. 2. Global warming--Juvenile literature. I. Braasch, Gary. II. Title.
QC981.8.C5C475 2008
551.6--dc22 2007037255

A Sharing Nature With Children Book
This book is printed on 100% recycled pulp (pre-and post-consumer).
Manufactured by Regent Publishing Services, Hong Kong, Printed January, 2010, in ShenZhen, Guangdong, China
10987654321
First Edition

Book design and computer production by
Patty Arnold, Menagerie Design and Publishing

Dawn Publications
12402 Bitney Springs Road
Nevada City, CA 95959
530-274-7775
nature@dawnpub.com

献辞

谨以此书献给帮助孩子们
学习探索和欣赏自然的爸爸妈妈们
以及穷其一生为自然呐喊的罗斯·格尔布斯潘
——林恩·切利　加里·布拉希

大卫·索贝尔（David Sobel）教授

新英格兰安迪亚克大学研究生院

亲爱的同学们：

最近频频听闻全球变暖的噩耗，我能理解你们的心情。继莱姆病、二手烟、达尔富尔冲突、垃圾食品和饮用水安全后，全球变暖一再成为人们关注的焦点。有时候我想，“地球，停下来，我要下去！”

我认识一位校长，他告诉我说他采访了一群 8 年级的学生，问他们在未来 20 年会做些什么，过得怎么样。“令人吃惊的是，”他说，“他们中绝大多数人竟认为在这未来 20 年里，地球将并不适宜居住。”

但是，也有惊喜！这本书将为我们带来一些好消息。首先，书中有关科学家们努力发现问题的故事极为吸引人。这里有一群聪明、敬业、坚定的探险家致力于探索现代社会的某个谜题。将一个个碎片拼贴起来的过程就好似在阅读一部情节复杂，散布于七大洲的推理小说。有关学生活动的描写也同样值得一提。学生的力量虽然弱小，但他们活动的意义却非同凡响。他们用行动告诉学校和社区如何能不随大流，在思维和行动上别出心裁。他们正在促成改变。

在我看来，我们可以在闷闷不乐中放弃，然后发现我们已身陷流沙：或在无人在家时，仍让家里灯火通明；抑或借助气候变化这件事来检点我们的行为。步行不仅有利于地球环境，同样有利于你的身心健康。选择食物链中等级较低的食物会让你长寿。关掉电视在院子里玩跳蛙游戏能带给你真心欢笑。

因此，深呼吸，静下心来读这本书吧。为正义而战，好过在角落里窃窃私语。用一颗快乐的心，来一起为你自己，为你的朋友，为你的孩子以及我的子孙们保护地球上这一绝妙的生命赠礼。大家会为你的所作所为感到欣慰的。

尊敬的老师和家长：

在这个令人沮丧的时期，这本书能让你拨云见日。全球气候变化的浪潮一浪高过一浪，马上就要把公立学校也卷进去了。这一挑战虽不可避免，但采用什么方法完全取决于你。激励必须成为所采取方法的一个核心要素。因此，这本书邀请你们来激励学生。书中做出开创性研究的科学家个人已给学生和你们做出了榜样。100 年前，在加拿大新斯科舍省，学生和老师们所收集的照片资料为今天的科学家提供了巨大帮助，让他们得以揭开气候变化之谜。2007 年，在美国佛蒙特州，正是学生的力量让反怠速立法得以实施。如何以乐观的心态来面对气候变化的挑战？如何借助学生的创造性思维来形成学校的解决方案？进而又如何让学校做榜样，以其机构行为来引导社区行动？

由卡罗尔 · L. 马诺（Carol L. Malnor）所著的《环境影响气候变化的真相：教师指南》（*A Teacher's Guide to How We Know What We Know About Our Changing Climate*）一书能够给你答案。本人也在此书中作了序。现在该轮到你了。这本书不仅包含课程要求、内容及方法，而且重在让大家树立这样一种意识——每一个人都有能力改变世界。

大卫 · 索贝尔是美国新罕布什尔州基恩市新英格兰安迪亚克大学教育学院教师资格证项目主管及该校在地性教育中心主任。其《摆脱惧家症：在自然教育中唤醒心灵》（*Beyond Ecophobia: Reclaiming the Heart in Nature Education*）是一部老少皆宜的自然教育开创性著作。他还著有《孩子们的特殊领地》（*Children's Special Places*），《跟孩子们玩绘图》（*Mapmaking with Children*），《在地性教育》（*Place-based Education*）。

目　录 *Contents*

第一部分：在哪里寻找气候变化的迹象

第二部分：将所有线索拼接起来

第三部分：气候问题解决方案：科学家和你都能做什么？

第四部分：附录

引言

本书中所提到的科学家都是竭尽全力揭开气候变化神秘面纱的侦探。他们在寻找气候变化的各种迹象。在这本书中，你可以看到科学家们调查什么样的迹象及他们是如何得知全球气候正在变暖的。

另外，本书还将讲述有关公民科学家协助科学家们揭示和发现气候变化迹象的故事。所谓气候是指某地长期内平均的天气状况。公民科学家有时候需要跟随科学家们长途跋涉进行科学探险。但很多时候，包括许多孩子们，只帮科学家们在家附近或学校里收集相关信息。这些公民科学家，通过了解科学和提供信息，让我们更加关心自然界，从而为大家创造更加美好的未来。

科学家们对自然界充满好奇，因而会注意到很多细节。他们中有人说之前就注意到春天候鸟归来得要比以前早了。那么花是否也会提前绽放？栖息在遥远北方的鸟类、动物、鲜花和树木也会更早出来迎接春天吗？有人说记得他们小时候的冬天总是有很多暴风雪的。然后，科学家们就想这些情况是否属实。如果果真如此，程度怎样？会发生在哪里？如何发生？为什么会这样？那又如何证实呢？于是他们开始具体研究。他们收集资料——科学信息——与之前的资料进行比对，甚至与更早的资料进行比对。他们仔细阅读所能找到的资料，通过分析对比搞清楚其中原委，最终得出结论。有些资料显示在过去的 100 年里，地球上的空气温度上升了 1 ℉多（相当于 0.74℃ ）。

左图：为伊丽莎白 · 洛西（ Elizabeth Losey ）的笔记，记录了从 20 世纪 50 年代以来密歇根悉尼国家野生动物保护区候鸟归来的情况。右侧为伊丽莎白 · 洛西那时的照片

上图：英格兰邓杰内斯的大卫·沃克博士（Dr. David Walker）手里抓着一只棕柳莺，一种鸣鸟。如今，成千上万的候鸟迁徙或筑巢的时间要比多年前早了

科学家们有时候需要去偏远的地方搜寻气候变化的迹象。他们乘坐叫做破冰船的交通工具前往冰天雪地的北极和南极；用电钻打开冰川，研究困在古老冰雪下的气泡；或花上几周时间在热带海洋地区海底打捞泥沙；计算长在深山老林和沙漠中古老树木的年轮；他们用极大的耐心观察动植物。通过研究这些证据，科学家们慢慢拼贴出地球气候的历史。这便是本书的主要内容。

上图：这位西伯利亚日甘斯克的学生正协助布鲁斯·彼得森博士（Dr. Bruce Peterson，左）和俄罗斯亚历山大·朱力多夫博士（Dr.Alexander Zhulidov，右）收集水样

下图：学生公民科学家在绘制树木的发芽日期图

什么是科学？假设、理论、事实及信念

科学是有关观察、测量、描述自然界及发现自然规律的学科。它依赖于详细的记录来形成被称为数据的信息。科学家利用数据验证他们的观点，掌握有关这个世界的事实。

科学家是不会依赖于信念、个人的信仰、想象或希望的。这与通过一部法令不同。它不单纯是某个人的观点。科学更像一次严肃的对话。有些观点被证明是错误的，自然有些可以被人们接受。但是，随后，可能会有新的信息出现而让人们改变看法。科学是一个不断学习的过程。

科学家通过观察自然界获取有关生命活动的线索。他们的猜测叫做假设，用来猜想导致某些现象的原因。然后，他们开始实验，通过收集和检测数据来验证假设。他们的研究会受到其他科学家——同行的评论和评价。这个过程称作同行评审。之后在期刊发表以供更多科学家品读。通过这种方式，科学家们调查研究，验证观点，互相提问最后形成一个普遍接受的解释，即为理论。对于科学家来讲，理论就是一个广泛接受的观点，不单单是种猜测。理论可以用来预测自然将来的发展方向。一般来讲，观察越多，收集数据越多，所形成理论则更坚实可信。

右图：在破冰考察船“纳撒尼尔·B. 帕默号”上美国国家科学基金会技术人员支起一个带管的漏斗，用来在南冰洋中收集沉淀物

左图：斯蒂芬·威廉姆斯博士野外研究团队的一位成员正在澳大利亚昆士兰湿热带世界遗产地区利用显微镜进行观察。该地区气候变暖和干旱趋势正威胁着本地区特有的 86 种生物的生存。

下图：海洋生物学家斯蒂芬·霍金斯博士在英格兰西南部一个岩质海岸的潮池里辨认和计算生物的种类和数量。研究人员发现英格兰周围水域里的潮池动物和浮游生物向北迁移了 120 英里（约 193 千米）

在一段时期内，一些理论有可能被认为是谬论。而另外一些则被普遍接受为事实存在——例如万有引力、板块构造和进化论。比如进化论，已被科学家广泛接受，尽管并不受有些人欢迎，认为这个理论有悖于他们的信仰。理论只能被新的科学证据所推翻。

为了说明科学探索与信念的区别，密歇根州一位老师问学生为什么他们的外套可以保暖。有些学生猜想 ——或假设——外套可以产生热量。另一些学生假设他们的身体可以产生热量。之后他们开始收集数据。他们分别测量了衣服穿上前和穿上后的温度，并测量了静坐时额头的温度。然后他们在周围跑 10 分钟，直到满头大汗，再测额头温度。最后，学生了解到确实是他们自己在产生热量，而外套只起到阻止热量散失的作用。

在 100 年前学生的启发下，今天的学生记录四季变化

100 年前，加拿大新斯科舍省的学生收集资料为科学家提供线索——这也成为当今的公民科学家的重要参考。从 1900 年到 1923 年，新斯科舍省的学校主管亚历山大·麦基博士（Dr. Alexander MacKay）设立了一个项目专门观察全省校园里的自然变化情况。学生和老师一起记录各种鸟类的归来，比如雪松连雀和有着红宝石般喉部羽毛的雀鸟。他们留意到树木结出的第一颗果实、田野出现的第一缕枯草、绵羊被剪的第一簇羊毛、第一片秋霜、第一条春蛇、第一只鸣蛙甚至河流湖泊上第一片消融的冰雪。共计有 1400 多个学校参与了此次行动。麦基用了好几个大笔记本来收录这些信息。然而他们显然未料到这次行动对将来的学生和科学家来说有多么宝贵。

如今，一个世纪过去了，“千眼项目”将麦基的资料发表到了网上。他们延续了他的梦想，也组织学生跟踪季节的变化，发现自然的变化。学生又开始观察鸟类的归来和树木的发芽以及花朵的绽放。有了一千多只眼睛观察自然事件——季节变化的迹象——科学家和公民科学家才得以将所收集到的资料与 100 年前的资料进行对比，研究有关新斯科舍省自然对于气候变化所作出的反应。

研究自然随季节变化的科学叫物候学（phenology）。这个词来自希腊语，词义为“出现”。通过向 100 年前加拿大学

左图：为了应对气候变化，很多鸟类改变了生活范围。巴尔的摩金黄鹂鸟，有着马里兰州鸟的美称。其生活范围较以前向北迁移了许多。恐怕在不久的将来，它们将永居北方，不屑再来马里兰州度夏了

生和今天的学生学习，很多孩子也开始协助科学家收集物候学资料了。你同样也可以成为公民科学家，也可以观察自然界的变化。那么，怎样才能将所收集到的数据传给科学家呢？现在已经有很多项目能够协助你与这些科学家取得联系，而且有很多项目还会继续产生。要想成为公民科学家，请继续阅读后续内容。

左上图：学生在记录周围植物上早春的踪迹，这是“春芽项目”的内容之一

左下图：学生在校园里悉心观察植物随季节的变化

右图：北美洲东北的秋天，总有火红的枫树和橡树向人们通报秋天的到来。这本是这个季节独有的特征，而如今却很晚才出现。与此同时，有些枫树随着气候变暖正向北迁移

全球变暖，鸟类改变生活习性

每逢春天，数百万鸟儿开始迁徙——从一个家飞到另一个家。许多鸟类学家——研究鸟类的科学家——注意到候鸟越来越早地飞向夏天的家，却离开得越来越晚。那他们又如何确认这件事呢?

特里・儒特博士（Dr. Terry Root）是有名的鸟类学家。她利用电脑模型来研究鸟类的栖息地——使用电脑来收集和分析数据、绘制图表、验证假设。她主要研究鸟类迁徙的时间、地点和数目，并以此总结出鸟类迁徙的趋势——某地区的鸟类表现某种行为的时间。在收集数据的过程中，特里・儒特意外发现了野外生物学家伊丽莎白・洛西在密歇根锡尼国家野生动物保护区有关鸟类归来的笔记。洛西跟踪鸟类到来的日期有 50 余年。特里分析了洛西在后 30 年所收集的资料。她发现，综合所有物种的数据，如今鸟类归来的时间比 30 年前要早上 3 周。

别的鸟类学家也发现其他鸟类的返回时间有所提前，同时也改变了栖息地。所谓栖息地是指动植物多年生存的地方。特里・儒特与杰夫・普赖斯博士（Dr. Jeff Price）一起制作电脑模型来预测这些年鸟类随气候变化可能会去的地方。但是，他们想，为什么会有这种变化呢?

左图：纽约北部的学生正在参与“鸟类侦探”项目。这个项目由康奈尔大学实验室发起，鼓励人们观察鸟类，并将所得信息发给康奈尔大学的科学家

左图：在伊丽莎白·洛西完成数据收集（参见第 1 页图）的几年后，她和特里·儒特博士见面并对比各自的经历。洛西 30 年的笔记为比较鸟类迁徙日期提供了宝贵资料

右图：观鸟者和鸟类学家注意到，许多候鸟，诸如在明尼苏达州北部拍摄到的加拿大莺，在春季向北飞行的时间要比以前早了

特里决定查看所有能找到的有关动植物随气候变暖而改变栖息地的研究。她猜想，许多不同的生物随气候变化都经历着某种变化。它们也改变了栖息地、花期、筑巢或迁徙日期吗？在发表于科学杂志《自然》的研究文章里，特里介绍了有关鸟类、软体动物、哺乳动物和花草树木的 143 种研究。她发现 80% 的生物改变了栖息地，这与不断变暖的气候相适应。她称之为全球变暖的“指印”，因为不断上升的气温已经触及或影响到了这些生物的生活，这与她的猜测不谋而合。

如果没有来自“圣诞节鸟类统计”、“繁殖鸟类调查”、“一路向北”及“喂养鸟统计” 等项目成千上万参与者的数据，特里是无法完成她有关鸟类迁徙的研究的。在这么多人的参与下，科学家确实获得了大量数据，掌握了鸟类迁徙的趋势、路径、食物种类及筑巢时间。

密歇根锡尼国家野生动物园里迁徙中的天鹅。伊丽莎白·洛西正是在这个地方收集长达 50 年数据

来自花的迹象——花期提前

每逢春天，华盛顿特区的樱花盛开，煞是壮观。自从 1912 年栽种以来，人们就开始记录这些樱花的开花日期。在 2000 年，樱花树于 3 月 20 号就开花了，花期提前了，是有记录以来排名第二的。史密森学会生物学家保罗・彼得森博士（Dr. Paul Peterson）和斯坦温・薛特勒博士（Dr. Stanwyn Shetler）以及他们的同事都注意到了这个现象。他们在想这是什么原因造成的。

于是，他们找到了华盛顿周围每日气温的物候记录和 100 多种植物的开花记录。气温记录来自气象局。开花记录是由 125 人历经 30 年完成的。结果显示，樱花树的开花期比 1970 年提前了 6～7 天。而且绝大多数植物的花期都提前了 4～5 天。

左图：这个来自纽约市皇后区第 205 公立学校弗兰・波西（Fran Bosi）班里的学生用了连续四个月观察一株芋头植物。她用放大镜观察它的变化，并将自己的发现记录下来。她的同班同学都参加了“春芽工程”

上图：据史密森学会的植物学家讲，这种华盛顿特区叫做 Zizia 的野花比 20 世纪 70 年代开花期提前了 20 天

上图：华盛顿特区闻名遐迩的樱花树的开花期比 20 世纪 70 年代提前了 6 ~ 7 天

右图：很多花，比如这个野风信子，开花要比以前早几周。在华盛顿特区，这些漂亮的花的花期比 20 世纪 70 年代提前了 17 天

科学家将 30 年来植物的花期与温度进行了对比，发现花期的提前与温度升高密切相关（有重要联系）。

对四季更替的研究即物候学，在以前比较常见。而且这些对植物花期、树木发芽和候鸟归来的记录一代代传承了下来。托马斯・杰斐逊（Thomas Jefferson）就是原来的美国物候学家之一。他一直在家乡蒙蒂塞洛（佛罗里达州）记录四季的变化。

另外一个有名的记录自然的美国人就是生物学家奥尔多・利奥波德（Aldo Leopold）。他来自威斯康星州。后来，当他的子孙们将自己 20 世纪八九十年代的记录同他从 1936~1947

年的记录进行对比时发现，春天比以前提早 1 周到来。英国一位叫做菲特（R. S. R. Fitter）的公民记录了过去 50 年内 385 种植物的花期。而且，他通过电脑计算得出如今这些植物要比以前平均早 4 天多开花。

今天，全北美的孩子们都在收集植物春、夏、秋三季变化的资料。通过参加“春芽工程”，孩子们学会了观察蓓蕾和花朵的外貌，知道植物面对春天日益明媚的阳光会有怎样的反应。

“一路向北”项目活动让年轻的公民科学家懂得通过测算天长，观察昆虫迁徙和鸟类的外貌获得一手资料，了解季节变化。许多科学家对此颇有兴趣。对气温比较敏感的植物很容易受到气候变暖的影响。有些植物也可能会慢慢适应（改变生长习性和生长地域）气候变暖。

全球城市物候学年发芽日期工作表

树木种类	属	悬铃木属			
	类	悬铃木			
	常用名	伦敦 / 悬铃木			
树木说明	树木编号	树木 1	树木 2	树木 3	树木 4
	纬度	N40.73888	N40.73895	N40.73893	N40.73915
	经度	W073.75710	W073.75688	W073.75678	W073.75615
	海拔（米）（英尺）	138	138	168	151
	高度（米）				
	周长（英寸）	66	68.5	70.5	74
	（距离地面以上 1.35 米处）（厘米）	169	174	179	188
观察记录	4 月 6 号	否	否	否	否
	4 月 13 号	否	否	否	否
	4 月 17 号	否	否	否	否
	4 月 19 号	否	否	否	否
	4 月 21 号	否	是	否	是
	4 月 22 号	否		否	
	4 月 23 号	否		是	
	4 月 24 号	是			
	（有 3 枝以上树枝发芽，标注“是”）				

这是一份记录特定树种发芽日期的工作表样本。每个树种都通过 GPS 生成的经纬度进行标注。此外，还包括海拔、尺寸以及 3 枝以上树枝发芽日期等方面的信息

蝴蝶转移栖息地

格纹蛱蝶是一种外表美观的蝴蝶。这得名于它翅膀上黑、橙、米白相间的棋格状花纹。帕梅森博士（Dr. Camille Parmesan）是得克萨斯州的一位生物学博士。她也是格纹蛱蝶和其他只依赖于本地植物和气候条件而生存的蝴蝶的专家。

下图：格纹蛱蝶正在加利福尼亚内华达山脉山区的一种一年生的寇林希草枝条上产卵

鳞翅目学专家（研究蝴蝶的科学家）和业余蝴蝶爱好者很早以前就注意到了格纹蛱蝶，并在 140 年前就开始记录它的习性。这比汽车的发明还要早很多！帕梅森怀疑格纹蛱蝶可能会受到干旱或其他因气候变暖而产生的极端天气条件的影响。她踏遍美国西部有格纹蛱蝶的地方寻找这种蝴蝶。最后，她发现格纹蛱蝶的栖息地已向北转移，而且在之前栖息地的南边，这种蝴蝶几近灭绝。

帕梅森发现，在这种蝴蝶栖息地的南边，受到气候变暖和干旱的影响，格纹蛱蝶原先产卵的植物不再是其幼虫良好的食物来源。而在它栖息地的北边，即不列颠哥伦比亚地区，格纹蛱蝶幼虫的食物来源却完好无损，供它们生存、产卵、繁衍后代。帕梅森发现格纹蛱蝶的栖息地向北迁移了 60 英里（约 95 千米），一直到了海拔 300 英尺（约 91 米）的高地。这与 20 世纪观察到的北美气候变暖（平均升高了 1 ℉，约 0.6℃）一致。在 1996 年发表于科学杂志《自然》上的研究里，她第一次证明了一种生物因气候变化而完全转移了整个栖息地。

随后，帕梅森跟英国鳞翅目学专家合作，分析了其他 57 种蝴蝶的相关记录。这些记录的历史最早可追溯到 18 世纪。他们发现其中三分之二蝴蝶种类的栖息地向北迁移了 22～150 英里（35～240 千米），明显受到了欧洲气温变化的影响。

在过去的 250 年里，数以万计的业余自然学家参与记录了动植物的栖息地。他们的记录显示，在过去的 30 年里，蝴蝶

右图：帕梅森博士在法国南部山中，她在寻找据说在如此低海拔已灭绝的阿波罗蝴蝶

和鸟类都向北迁徙，而树木则向高处挪动。帕梅森说，“如果只有四五个物种有此现象，可能只是巧合。而如果有几十个物种都出现了此类现象，则表明有大范围的变化将要发生。”在对全世界 1500 多种生物研究的过程中，帕梅森发现有 800 多种生物对气候变化做出了反应。

暴风雨、干旱和其他极端天气一直以来都是威胁动植物生存的因素。但在过去，这些动植物数量多，且有更多适宜的地方可以选择栖息。不幸的是，帕梅森警告说，如果“一个已经濒临灭绝的物种只局限于很小的栖息地内，一次极端的天气将会让它们彻底灭绝”。

学生帮科学家收集蝴蝶资料

由业余自然学家收集的资料对帕梅森的研究至关重要。成千上万的学生公民科学家参加了蝴蝶监测项目，他们的信息带给其他科学家和年轻人更多有关野生生物迁徙的知识。“黑脉金斑蝶幼虫监测工程”和“黑脉金斑蝶观察”（帝王蝶）项目的志愿者们意在研究黑脉金斑蝶在整个繁殖季对栖息地的使用情况，而“一路向北”项目组则致力于追踪黑脉金斑蝶北迁时的行踪。

下图：黑脉金斑蝶在墨西哥和北美间的神奇迁移，一个完整的迁移循环需要三代甚至四代的蝴蝶来接力完成。它们的食物是花巢

上图：明尼苏达州和墨西哥的学生加入了“一路向北”项目，捕捉蝴蝶并搜索数据

1975 年以前，研究蝴蝶的科学家一直没搞清楚黑脉金斑蝶在秋季南迁的过程中去了哪里。有人在得克萨斯州和高尔夫海岸见过它们，但之后却无人知晓它们最终藏身到了何处。加拿大鳞翅目学专家弗雷德·厄克特（Dr. Fred Urquhart）是第一个用小标签标记蝴蝶且在美洲大陆追踪它们行踪的人。有成千上万的公民科学家对他实施了帮助。

1975 年 1 月 2 号，两个志愿者报告称黑脉金斑蝶在墨西哥越冬。他们发现有几百万只黑脉金斑蝶落在墨西哥中部一个高山深林中的树上。厄克特第二年到了那里，他找到了一只由他的志愿者标记的蝴蝶。这充分证明黑脉金斑蝶一路从加拿大途径美国飞到了墨西哥。厄克特于 1976 年 8 月在《国家地理》杂志上发表文章公布了黑脉金斑蝶越冬的地点。时至今日，“黑脉金斑蝶观察”项目的志愿者仍然在标记黑脉金斑蝶，帮助科学家收集更多信息，用来了解它们的迁徙情况。

林肯·布劳尔博士（Dr. Lincoln Brower）研究黑脉金斑蝶已有 50 余年。他发表了几百篇有关它们的研究文章。布劳尔花费了大量时间研究墨西哥森林里的微气候环境，就在这里黑脉金斑蝶度过了漫长的冬天。微气候就是一个小地方的独特

“一路向北”图，显示黑脉金斑蝶在春季每周的迁移进度

气候环境。有时候甚至可以是树木朝北面（背阴的一面）生长的一块青苔。黑脉金斑蝶在墨西哥能够存活下来靠的是一种微妙的平衡关系。太低或太高的气温都不利于黑脉金斑蝶的生长。气温太低时它们会被冻死，太高则会使它们在短时间内耗尽脂肪而饿死。“森林就像毯子和雨伞，为它们维持温暖干燥的环境。这是它们能够存活的关键”，布劳尔说。他比较关心的是，全球变暖会给这些森林里的蝴蝶栖息地造成什么样的改变。

布劳尔注意到，在春季，黑脉金斑蝶需要两代以上蝴蝶的共同努力才能完成北迁行程。离开墨西哥北迁的蝴蝶最远只能到达美国。然后它们在美国乳草属植物上产卵，之后会死掉。这些卵被孵化成新的蝴蝶继续向北迁移。布劳尔和他的同事们是通过研究不同乳草的化学成分才搞清楚这个情况的。这种乳草也是黑脉金斑蝶幼虫的食物。

今天的学生和科学家，通过标记蝴蝶和网上“一路向北”项目，仍然在不断收集着黑脉金斑蝶的迁徙信息。“黑脉金斑蝶幼虫监测工程”和“黑脉金斑蝶观察”项目还在继续，以便支持布劳尔之前的研究并回答有关黑脉金斑蝶迁徙时间和生活习性的一些复杂问题。

伊丽莎白·霍华德（Elizabeth Howard）是“一路向北”项目的创建者和负责人。她这样来解释这个工作的重要性：“通过观察某个蝴蝶种类和它们的栖息地，让参加‘黑脉金斑蝶观察项目’的志愿者更清晰地了解它们是如何适应现有气候环境的，也能知道气候改变会给它们带来什么样的影响。”要想帮助跟踪黑脉金斑蝶和鸟类，请在资料来源部分查看“一路向北”项目。

来自热带雨林的迹象

斯蒂芬·威廉姆斯（Stephen Williams）是一位热带生物学家。他主要研究生活在澳大利亚昆士兰一个山林里的动物。这种云雾林——笼罩在云雾里清凉潮湿的热带森林——里有很多独特的动植物。这种气候环境孕育了86种特有生物，比如园丁鸟、小青蛙和只有夜间活动的负鼠。在这地方，威廉姆斯和其他科学家发现了很多生活在山顶的青蛙种类。

下图：在美洲中部，有50多种两栖类动物的数量在急剧减少或几近灭绝，这个丑角蟾蜍是其中一种

上图：澳大利亚昆士兰湿热带世界遗产地区刘易斯山一种濒临灭绝的蛙类

在观察这些动物的过程中，威廉姆斯注意到有很多动物在不断向高处迁徙。于是他推断，随着气温升高，森林里湿度降低，所以动物迁向更适宜居住的地方。它们的生存需要适宜的温度和湿度。于是威廉姆斯开始收集资料，考察气候变化的影响。之后他了解到，如果栖息地的气温升高几度，这些动植物都难以存活。

美洲中部热带雨林中的青蛙和蟾蜍都受到了气候变暖的威胁。有 50 多种青蛙和蟾蜍种类在最近都看不到了。在哥斯达黎加，以阿兰·庞兹博士（Dr. Alan Pounds）为首的一些爬虫学者——研究青蛙和蟾蜍的科学家——认为这些蛙类可能会走向灭绝。一些两栖动物受到真菌威胁，而这类真菌在高温中能快速繁衍。俄勒冈州爬虫学家安德鲁·布劳斯坦（Dr. Andrew Blaustein）发现许多两栖类动物随着天气气温升高开始提前繁殖。像生活在靠近山顶的那些蛙类一样，随着气候变暖，一些栖息地域较小的两栖类动物，因其对栖息地要求较高，将再也无处可逃。

现在有很多关心蛙类生存的人加入到了保护湿地生境的队伍中。公民科学家们也纷纷响应，为“国家野生动物联盟”和“美国地质调查局”搜集有关青蛙、蟾蜍和其他两栖动物的信息。你可以通过“美国蛙类观察组织”（Frogwatch USA）和“加拿大蛙类观察组织”（Frogwatch Canada）参与帮助科学家。自从“蛙类观察组织”1998年建立以来，美国大约有1400名志愿者参与观察近2000个地方的79种蛙类。对有些蛙类的关注超过了1000次，比如春雨蛙、绿蛙、美国牛蛙、灰树蛙、美国蟾蜍、树蛙及三锯拟蝗蛙。

右图：在湿热带世界遗产地区，斯蒂芬·威廉姆斯的两名学生正从网里小心地取出刚抓到的一只鸣鸟。由于该地遭受旱灾袭击，86种生物濒临灭绝

像澳大利亚的这类热带雨林，因其可以常年生长，每年能够消耗空气中好几吨的二氧化碳

树木的年轮讲述着过去的故事

日复一日，年复一年，地球上四季轮回，万物繁衍。气温和天气随四季更替而不断变化。微尘花粉落入河流湖泊，在泥层中留下足迹。微小的浮游生物因海洋温度改变而死亡，沉淀到海床上，讲述着海洋的历史（参见第 80 ~ 83 页）。雪花飘落到冰川上，慢慢冰冻，然后又被新的雪花覆盖。雪花在冰冻的过程中，会困住气泡。每个冰冻的气泡在被封入冰块的过程中，都会成为当时大气层的时间胶囊。（参见第 83 ~ 85 页）

左图：马修 · 沙尔茨博士正从一棵狐尾松树中抽出树核。这些地球上最古老的树木，能够存活将近 5000 年之久。树木上的年轮能显示出树木生活年份的气候状况。通过研究更早枯死的树木的年轮，就可以推测出 9000 多年前地球上的气候环境

上图：本书作者林恩·切利正在指向红杉树薄片上一条很窄的生长年轮。这棵红杉树大约发芽于公元 909 年，卒于 1930 年，有着 1021 年的生长历史。其生长地点就是现在的加利福尼亚缪尔森林国家保护区

这些轮回都会留下痕迹。对于科学家来说，这些痕迹都能成为了解过去事情的线索。而这些线索可以保存近千万年，从而用来揭开地球历史的秘密。

树木是变化时期的记录者。因为随季节气候的不同，树在某些年份会长大很多，而在有些年份不怎么生长，这些都会在它们的年轮里留下印记。研究树木年轮的科学叫做树木年

代学（dendrochronology）。“dendro”的意思为树木，“chronology”意为时间顺序。在这些年轮上标注年代就是按照年轮生成时间的先后将其进行排序。马尔科姆·休斯博士（Dr. Malcolm Huges）就是通过研究树木的年轮了解地球上以前的气候环境。当天气冷热干湿交替变化时，树木的年轮也会跟着改变宽度和特征。在干旱的年份，树木年轮会变窄，表明树木在这一年没长多少。年轮中的烧瘢则表明此地发生过火灾。树木年轮记录着气候的历史，是通往过去的“窗户”。

下图：科学家们通过这些从树干中钻取出来的树核来研究年轮。抽取树核并不会对树木造成伤害

休斯、马修·沙尔茨（Matthew Salzer）和同事们通过研究狐尾松的年轮来了解地球以前的气温。狐尾松是世界上寿命最长的树木。它们生长在加利福尼亚州和内华达州的深山及落基山的深处，可能存活将近 5000 年之久。这个年限对于树来说已经绝无仅有了。休斯和他的考察队通过提取树木年轮之间的薄木（树核）来做研究。他们将一个称作钻孔器的金属管钻入树木然后抽出树核——跟吸管一般大小（见第 39 页图）。这样就很容易看清楚并计算树木的年轮了。

有时候科学家会截断死去的树木，取得树干的横截面，这样树木的年轮会看得更加清楚。这些薄片因看起来像饼子而取名为树饼。在这些山脉的顶端，气候干燥，死去的树木得以长久保存。科学家们可以通过这些古老的树木探究遥远的过去。他们或将古老的居民使用的木材拼贴起来，拼出树木的年轮。将狐尾松的年轮重叠后，科学家们做出了 9000 多年前的气候记录。这个时间的曲线甚至能够给我们展示自冰河时代末期以来地球上的气候状况。

右图：来自一棵枯死的狐尾松的树饼，可见 6500 年前的年轮

6500 B.C.

B.C.

来自北方森林的迹象

在遥远的北方有个地方，从此地再往北，树木将不再生长，这就是所谓的林木线，也是北方森林与苔原相接壤的地方。苔原地域广阔，主要生长灌木和杂草，属于常年冻土。北方森林位于苔原的南边，属于寒冷潮湿的气候环境，主要由针叶林组成。针叶树多有球果，细针形叶子常年不落。阿拉斯加州的气温一直在飙升。因而有科学家预测林木线将不断北移，或向山顶转移。植物学家格伦·朱岱（Glenn Juday）猜想，因最近气温攀升更高，森林里的树木应该会更好地生长。

在一项有关阿拉斯加树木的研究中，朱岱和马丁·威尔姆金博士（Dr. Martin Wilmking）在溪流和阿拉斯加山脉中的15个地方选择了2400棵树木，抽取它们的树核进行研究。因资料充分，具有很强的说服力，所以他们对自己的研究结果很有信心。

为了让当地中学生也喜欢上观察当地环境，朱岱在阿拉斯加费尔班克斯的大学附近开展了“富源河校园长期生态研究项目”活动。他邀请学生加入他的队伍来研究北方森林对气候变化做出的反应。这些学生学着科学家的样子抽取树核。另外一组学生帮助朱岱完成野外考察，为他测量树木的高度和生长情况。

左图：北方森林中的许多白云杉因无法适应持续升高的气温而枯萎

上图：阿拉斯加的中学生在为白云杉树的研究收集资料。他们说树木的测量是一项费力的工作。他们的任务包括：

- “我们测量去年的生长节点到今年的生长节点之间的距离。”
- “如果树木在 50 厘米以上，我们只测量其底座直径。如果在 137 厘米以上，我们测量它们的胸部直径。”
- “我们测量了 2188 棵小树。每棵树测量两次，总共测量了 4376 次。”
- “其中 1504 棵树木测量了底座直径，674 棵树木测量了胸部直径。”
- “我们对树木总共做了 1071 次评论。”
- “评论和测量次数总计 5446 次。”

朱岱的研究结果远远出乎他的意料。他有关森林在高温中会生长更好的猜想似乎是错误的。起初，当气温稍微有所升高时，许多白云杉树确实长得比较好。但是随着白天气温继续升高，有一半的树木会彻底停止生长。这时，它们不再从土壤中吸取营养和水分。朱岱解释说这是生长在寒冷地方的树木对气候变暖所做的反应。在特定温度下，有些树木会停止生长。他说：“如果气温持续升高，林木线向北方和山顶的转移将不会那么顺利。”“将不再会有成片的森林。因为此地以白云杉树为主，所以这片森林叫做白云杉森林。但是将来，白云杉树的数量会慢慢较少。也许这里还会有森林，但将不再是白云杉森林了。”

左图：气象学家斯科特·钱伯斯（Dr. Scott Chambers）正在检查安装在一个 50 英尺（约 15 米）高塔顶的仪器。这个塔位于费尔班克斯附近，可鸟瞰整个北方森林。这些仪器除了可以读取天气状况外，还可用来测量来自太阳的能量以及进入到森林植物中的二氧化碳

上图：北极国家野生动物保护区内的一只母驯鹿和一只刚出生几周的小驯鹿

来自苔原的迹象

在北极圈北边阿拉斯加州的涂立科野外观察站（Toolik Field Station），生态系统学家格斯·谢弗博士（Dr. Gus Shaver）想知道随着全球气温变暖，苔原将会发生什么样的变化。为了回答这个问题，他设计了一个实验，能够看到全球变暖的后果：他在苔原上建起了一些温室。阳光穿过温室

右图：弗兰·波西班里的两名学生正在仔细观察植物的生长变化

玻璃或透明的塑料纸使温度慢慢加热，因为进入温室的热量无法散失出来。挡在温度里的热量——太阳辐射——使温室里面的温度高于外面温度。

几十位大学生和研究生在夏天的涂立科野外观察站俯身测量“控制区域”内的微型植物。“控制区域”是指在苔原上专门留出来的区域。这些区域是用来跟温室里的区域进行对比的。苔原上的植物由于有限的光照、热量和营养，长得都很瘦小。学生测量的植物有小柳树、桦树、羊胡子草和一些非禾本草本植物（北美驯鹿爱吃的一些野花和植物）。

谢弗的推测是，随着气温升高，苔原上会有一些变化。但是会是什么变化呢？植物会长得更快更大吗？它们会放慢生长？还是会干枯死掉呢？于是他试着模拟——制作模型——苔原植物在较高温度下的生长情况。

谢弗发现，在温暖的“温室”里，有一些苔原植物长势喜人，但是有些却不尽如人意。有些植物成功应对了气候变暖，有些却失败了。升高的温度助长了桦树却威胁到了莎草、野花和其他植物。有些没有成活的植物竟是驯鹿的美食。科学家和依赖于驯鹿的当地人很想知道驯鹿是否会改变饮食习惯。很多动物会适应变化，但是到底哪些能够适应却很难说。

学着谢弗的方法，纽约市皇后区弗兰·波西班里的学生在教室里学习测量植物生长。他们从栽种小树开始，然后提出问题和假设，比如改变一些条件将会怎样。他们一次只改变一个条件——一个变量——以便确定植物对这一条件改变所做出的反应。如果改变浇水量，比如浇更多水，它们会长得更快吗？如果生长的泥土变干，它们会减慢生长吗？还是会彻底枯死？更多光照会让它们长得更好吗？它们更喜欢暖和点还是凉快点？每天他们都会认真测量记录。跟谢弗的实验一样，它们中有成功者也有失败者。有些植物能够更好地应对变化。

右图：生态学家格斯·谢弗博士在阿拉斯加州涂立科野外观察站的苔原试验田里用温室模拟气候变暖，观察气温变化对植物生长的影响。他发现，气温变暖有利于灌木的生长。然而，在20世纪90年代到2002年期间，在那些没受到干预的“控制区”内的灌木却生长得更好

下图：科学家和学生在阿拉斯加州涂立科野外观察站的试验田里收集苔原植物

变化的冰雪世界中的企鹅与北极熊

同样，在遥远的北方有个北冰洋。几万年以来，北冰洋在一年中的绝大多数时间都被冰雪覆盖。北极熊，世界上最大的熊类，常年在这片冰雪上生存、捕食、冬眠。为了研究北极熊，斯蒂文·阿姆斯川普博士（Dr. Steven Amstrup）和他的考察队乘坐直升机找到它们，再用飞镖注射镇定剂，让熊短时间内处于睡眠状态。然后他们迅速着陆，尽快完成测量。有时，他们需要在熊身上戴上无线电项圈。北极熊很快就能安全醒来，并不会受到任何影响。

通过这种方式，阿姆斯川普跟踪了400只北极熊，收集了大量资料。资料显示，一些北极熊的生存境况已不容乐观。有些幼崽生下来就比以前的小。这是为什么呢？因为它们的栖息地正在消失。海豹是北极熊的主要食物来源之一。北极熊通常在冰面上捕食海豹。当海豹游上来透气的时候，北极熊就能在冰面或冰洞里抓住它们。在夏季北冰洋上冰雪消融，海面上冰层减少，有些北极熊找不到足够的食物。

地球另一端的气候也在持续变化。比尔·弗雷泽博士（Dr. Bill Fraser）是一位生态学家。他研究南极洲的阿德利企鹅已有30年。每年，他都会和其他科学家计算一些小岛上繁殖的阿德利企鹅的数量。但在这些岛屿上生活的企鹅数量在不断减少。起初，弗雷泽推断这大概因为企鹅蛋和雏鸟的成活率不高。

左图：一只雄性阿德利企鹅刚刚长途跋涉觅食归来，正把它贮藏在肚里的一只磷虾喂给它的企鹅宝宝。它背上的无线发报机记录了它的行程，为我们提供了关键信息。因阿德利企鹅在水里捕食，科学家是无法亲自跟踪的

但是经过长期仔细的观察，弗雷泽发现，每年能够繁殖的年轻企鹅也在减少。如今的南极半岛，冬天的气温大约比以前升高了 12 ℉（约 6.5℃）。随着气候变暖，企鹅栖息岛屿周围的冰层没有以前那么厚实，也没有以前那么宽阔了。弗雷泽想：年轻企鹅的数量跟变化的冰层之间有什么联系吗?

他提出这样一个假设：如果企鹅必须去更远的地方才能捕猎到食物，那么它们现在肯定没有足够的食物。为了验证这个假设，他在冬季抓到了一些企鹅，并在它们身上装上微型的发报机。阿德利企鹅最主要的食物来源是磷虾。这是一种类似虾的生物，经常成群活动。其他南极科学家发现磷虾喜欢在冰层下面生活。在那里它们能够得到保护，而且能够找到它们赖以生存的藻类。海洋冰层消融也意味着磷虾的栖息地在减小。弗雷泽说：“如果冰层消失或减少，企鹅在冬天就不能到达它们重要的捕食区域。这是因为企鹅不会飞，只依靠海上浮冰接近食物。”他有关年轻企鹅与海洋冰层减少之间联系的假设似乎是正确的。

帝企鹅也靠磷虾为生，因而也受到海上浮冰变化的影响。其他生活在靠北边一点的企鹅也许也受到了全球气候变暖的威胁。实际上，另外一项研究发现帽带企鹅在变暖的气候中过得比较舒适——至少到目前为止没有什么问题。

右图：磷虾是一种类似虾类的生物，是很多南极大陆动物的食物来源。它们在季节性冰冻地带繁殖得最好。冰层变薄变窄使企鹅在它们群栖地之间和冰层寻找食物，这不仅增加了路程，而且减少了冰层下面磷虾的数量

上图：鸟类学家比尔·弗雷泽博士正在南极附近的南极半岛上帕默科学考察站旁计算阿德利企鹅的数量

下图：北极附近阿拉斯加州巴罗的北极熊

急剧消融的冰冠和冰川

美国科学家们乘坐一种叫做破冰船的交通工具前往南极洲考察那里的气候情况。破冰船是一种特殊的船体，装有强大的外壳，可破碎 3 英尺（约 0.9 米）厚的冰层。美国国家科学基

下图：300 英尺（约 91 米）长的美国国家科学基金会考察船“纳撒尼尔 · B. 帕默号”在南极半岛附近。考察船相当于一座漂移的实验室

金会的破冰船长约 300（约 91 米）英尺，重达 6000 吨，载有船员 22 位，可容纳 37 位科学家。这是一个巨大的漂移实验室，用来搜集各种鱼类信息，研究海水的化学组成。它可在海面连续航行 75 天，航程可达 20000 英里（约 3 万千米）。

船上载着尤金・德马克博士（Dr. Eugene Domack）的科学家团队，还有一些大学生。他们通过研究冰架来考察南极大陆的气候历史。冰架位于南极大陆边缘，漂浮在海面上。德马克负责测量冰架周围的水温和气温及下面泥沙沉淀物的温度。科学家发现，随着气温升高，南边海域的水温在不断上升，南极洲大陆周围的冰层也在不断消退，冰线向大陆内部移动。

位于地球的另一端——北极——的埃里克・里格诺特博士（Dr. Eric Rignot），是研究格陵兰冰原的科学家之一。冰原（见第 56 页）是指南极大陆和格陵兰岛上的冰盖，有几千英尺厚。格陵兰岛，仅次于南极大陆，拥有世界第二大冰原。里格诺特和他的同事们已经研究了格陵兰岛上冰原气候变化的很多迹象来回答诸多疑问：随着气候变暖，冰原会有什么反应？它们将以什么速度消融？消融后会有多少水注入海洋？如果海洋因水温升高扩散，将会对海平面有什么影响？里格诺特和他的科学家同事所收集的资料显示冰架正在逐渐消融。

左图：这两幅照片生动地展示了加拿大不列颠哥伦比亚省阿萨巴斯卡冰川在 1917 年到 2005 年期间的消融情况

冰川——山脉上巨大的冰块——也在不断融化。左页的两幅图中显示的是加拿大贾斯珀国家公园的阿萨巴斯卡冰川。其中上图拍摄于1917年，下图拍摄于2005年。冰川学家朗尼·汤普森博士（Dr. Lonnie Thompson）一直致力于研究热带地区高山上的冰川。他说，在这些地区，尤其是南美洲的安第斯山脉和非洲的高达山脉，比如乞力马扎罗山，很多人都依赖于冰川融水生活。在干旱时期，冰川融水主要用于饮用和农业灌溉。但是汤普森发现，这些冰川都在急剧消融。

左图：南极半岛穆勒冰架附近水中漂浮的是冰架破裂时从边缘掉落的碎片。由本书作者加里·布拉希在破冰船舰桥上拍摄的

海洋“传输带”的改变

从古至今，扬帆过海的人都清楚洋流——海洋中“水流”的流向都是有规律的。其中一位便是本杰明・富兰克林（Benjamin Franklin）。他在穿越大西洋时，一直在记录海水的温度。他甚至绘制了墨西哥湾流的流向图。墨西哥湾流是一股巨大的暖流。发源于墨西哥湾，向东北流经美国及加拿大沿海，一直流向北欧沿海。

科学家们发现当温暖的墨西哥湾流到达北大西洋时，它就会释放热量，这对当地的天气和气候形成至关重要。它所释放的热量让欧洲比原本要暖和。随着热量释放出来，洋流随即温度降低。因低温水比高温水密度大，于是它下沉到海洋底部。这就形成一股温度非常低的洋流，从北冰洋经墨西哥湾下方，向南流去。这两股洋流就像一条传输带，将南部海域的热量传输到北边，反过来又将北边海域的低温水带往南边。科学家为此类洋流取名热盐环流，因为它的形成与温度和盐分有关。

科学家们也意识到全球变暖正在使极地冰雪融化（参见第55~58页）。于是他们提出这样的问题：北极消融的雪水会影响洋流传输带吗？因为淡水的注入会改变海洋水的盐分和密度。如果有足够来自冰川和海上浮冰的淡水注入格陵兰岛周围

右图：伍兹霍尔海洋研究所的科学家正将浮标放入大西洋，作为传感器的一部分来检测洋流和海洋状况

上图：佛蒙特州老师艾米·克拉普（Amy Clapp）的学生在用一根密度管做一个简单的实验来观察海水混合后的情况。红色的热水从一端倾入，蓝色的冷水从另一端倒入。蓝色的冷水穿过红色的热水，渗入到底部。而一些红色的热水穿过蓝色的冷水，来到试管上方。咸水和淡水的混合情况也可以用这个实验来证明

海域，海水下面的低温水的密度将会减小。向南流的海底洋流将会减缓速度。这将会减缓传输带运送南部海洋表面高温水到北部。

一些科学家像鲁斯·库里（Ruth Curry）一样，几十年如一日地乘船出海测量这些洋流的盐度和温度。他们发现，北大西洋的海水盐度持续降低。最初他们认为这可能是由全球变暖和北极冰雪消融导致的。于是，库里与生态系统学家布鲁斯·彼

得森博士组成考察队进行研究。彼得森博士是西伯利亚河流方面的专家。他发现北冰洋周围大陆上的所有河流支流的水量都在增加。随着研究的深入，他们意识到这些改变是北冰洋和北大西洋自然气候循环的一部分。暴风为北冰洋带来雨雪，而风将北冰洋的海洋浮冰和淡水吹到了大西洋。

库里说这种循环持续了 30 年，从而降低了北大西洋的盐度。大约在 1996 年，这种循环模式发生了改变。来自河流支流和海洋浮冰的淡水大部分都滞留在北冰洋，大约过了 5 年之久，北大西洋的盐分开始有所回升。最重要的是，在这个循环里，进入大西洋的淡水量并不足以降低海洋传输带洋流的速度。

库里说："在将来，这个情况会有所改变。"在温室效应下，气温不断升高，海上和大陆的冰雪都随之减少，这将一定程度上影响到北冰洋。格陵兰岛冰原受到广泛关注，因为科学家们无法预测它在未来几十年里将以什么速度消融。目前，来自海洋浮冰、冰川和河流径流的淡水汇聚到北冰洋，而北大西洋的温度和盐度都在不断升高。当这个自然循环持续 18 年以后，库里说，多余的淡水将会被吹向南边，进入大西洋。跟上次不同，这次会有更多淡水来自格陵兰岛消融的冰雪，多到足以影响到洋流。

下图：巨大的洋流通常是由温度和盐度差导致的。墨西哥湾洋流向北流动，释放热量，然后下沉形成一股巨大的冷流折返回来。有些科学家在想随着北极冰雪不断消融，所增加的淡水是否会影响到墨西哥湾流（传输带）

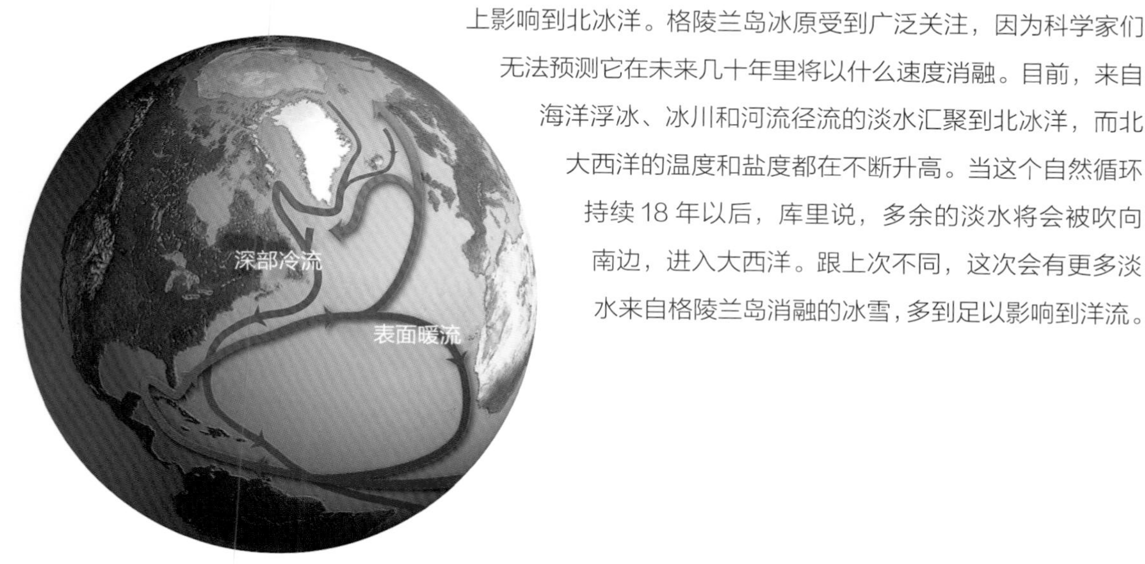

上图：马克斯·福尔摩斯博士被来自西伯利亚小村镇日甘斯克的学生团团围住

学生和科学家结伴在西伯利亚寻找迹象

有多少来自河流的淡水会流入北冰洋呢？在 2000 年，生态系统学家布鲁斯·彼得森博士和马克斯·福尔摩斯博士（Dr. Max Holmes）到俄罗斯北部的西伯利亚去寻找这个问题的答案。他们想知道淡水流是否会影响海洋“传输带”——最终是否会影响到气候呢？在俄罗斯科学家的帮助下，他们研究了俄罗斯 70 多年的流量记录，并与最新的数据进行比较。他们发现，这个流量增加了 10%。

彼得森和福尔摩斯在 2003 年又来到西伯利亚。他们来到日甘斯克的勒拿（Lena）河上收集水样。日甘斯克是西伯利亚的一个小村镇。他们不仅测量水的流量，而且测量水的化学成分。每条河流都具有各自的化学“指纹”，因为每条河流的化学成分都是独一无二的。那就是为什么像大马哈鱼这样的鱼类知道哪条河流才是它们的家。这个新的数据就建立了一个基线记录，用来与以后的资料进行对照。

他们的船上还有船长 13 岁的女儿安雅。福尔摩斯看到安雅对他们的工作十分感兴趣。他用一点英语、一点俄语和大量手势向她解释基本的样品收集方法。她学得很快，不久就成了他们的一分子。在那段时间，也有其他日甘斯克的学生、老师和公民参加。之后，更多来自俄罗斯、加拿大和美国阿拉斯加

上图：安雅参加了这项研究。她正在船上收集水样

州的志愿者纷纷加入，最后就成立了“学生合作伙伴项目”，协助他们探索西伯利亚的气候变化。

“学生合作伙伴项目”的作用不止如此。譬如，当福尔摩斯于 2006 年 11 月再次拜访日甘斯克的时候，孩子们送给他一些自己画的画——精巧漂亮的艺术品。这些画已经在马萨诸塞州、新罕布什尔州及佛蒙特州等地展出，将来还计划在华盛顿特区和阿拉斯加州展出。“这些艺术品能让美国的孩子感受到北极人和土地的亲密关系，让他们了解北极人所感受到的气候变化。”福尔摩斯说。

在 2004 年，艾米・克拉普，也就是在第 62 页提到的一位佛蒙特州的老师，与福尔摩斯一道去了日甘斯克。克拉普是被一个叫做 TREC 的组织所选中的。这是一个帮助老师体验极地科学家生活的一个组织。每天从北极研究站归来，她都会用笔记本电脑和卫星连接，给她的学生发送照片，告诉他们科学考察队的行程。在信里她是这样写的：“看看科学家们是怎样使用你们现在所学的东西的——水化学、水循环、密度、天气和气候。”她也会向她的学生提出一些科学问题，然后他们同样会向老师问一些问题。克拉普的学生在分析完俄罗斯自 1936 年以来的数据后看到了变化，现实生活中活生生的例子

下图：佛蒙特州老师艾米・克拉普和马克斯・福尔摩斯博士以及西伯利亚当地学生在一起收集水样

上图：这幅画名为“驯鹿的假期”。是由一个来自西伯利亚日甘斯克11岁小男孩画的。这幅画形象地展示了人们与大地的亲密关系。2007年4月，这幅画在马萨诸塞州南岸艺术中心展出

表明有更多淡水正在注入北冰洋。福尔摩斯对此印象深刻。“就连小孩子也会问一些奇异的科学问题。这些跟我们结伴的学生为科学作出了巨大贡献。”他说。“‘学生合作伙伴项目’比较奇特的一点在于它将美洲大陆的学生与偏远的北极小村镇的人联系了起来。大多数北美人吃惊地意识到我们的开车出行，对汽车和家的选择以及我们在这里的生活方式，所做的事情都会对那个遥远地方产生影响。”

海岸线随着海平面的上升而不断变化

几百年来，阿姆斯特丹和斯德哥尔摩等西北欧国家都会对当地海岸线高度进行测量和记录。不仅是在这里，世界上只要有水手出海的地方，都会这样做。

下图：在阿拉斯加白令海海岸，石思马莱孚村就是不断减少的海冰和永冻土融化以及海平面上升的牺牲品

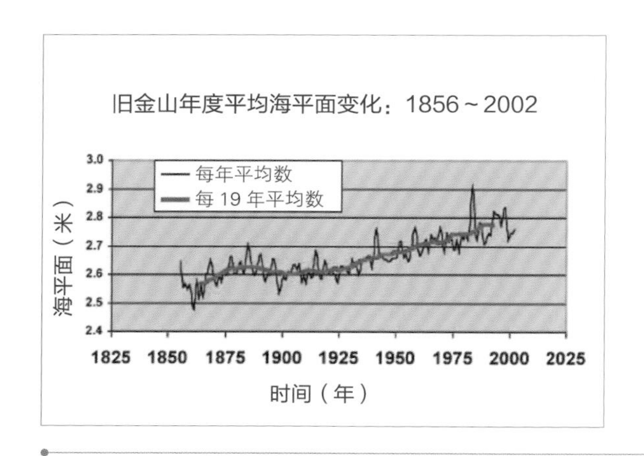

左图：旧金山海湾的潮汐记录，据此表显示此地的海平面每 100 年上升 14 厘米

旧金山市使用测潮仪记录海岸线，那里是西半球对海岸线记录历史最悠久的地方。美国国家海洋和大气管理署还建立了海洋和潮汐数据库。如今，人们利用卫星来测量海平面，而且测量范围也从原来的海岸线扩展到大海的其他地方，如海洋中心。科学家就能利用这些信息计算出来，今天的海平面比1900 年的海平面高出 8 英尺（约 2.4 米），而且还在不断升高。此外，研究人员在尝试算出 100 年后海平面还会升高多少。

海平面的升高主要是由海洋变暖和冰雪融化引起的。虽然海洋非常广阔，高温的海水只会产生小小的膨胀，但是它还是会比低温的海水占据更多空间。此外，地球冰层和冰川都在不断融化，因此大量的融水就会流入大海。

那些居住在海洋附近的居民是最先发现海平面上升等自然变化的人。他们通常对海洋的活动和变化比较了解，并且有着悠久而详细的“群体记忆”，也就是祖祖辈辈流传下来的本土

知识。他们靠着这些知识才知道什么时候可以捕鱼，什么时候需要收网，什么时候坏天气要来临，以及哪些东西正在发生着惊天动地的变化。当代的很多土著首领会把他们的传统知识分享给科学家们，尽管他们提供的不是文字资料，但是这些科学家们知道，这些知识是何等的宝贵。换句话说，土著居民是最初的公民科学家。为了更好地观察大自然，美国国家科学基金会有一些项目，专门帮助土著猎人和部落长老与科学家们建立合作关系。

在阿拉斯加北部的苏华德半岛上居住着很多土著人。石思马莱孚是一个由 590 个伊努皮克人组成的土著村庄。他们居住在一个沙岛上。海平面的上升和海冰的流失不断威胁着这里的村民。多少年来，这些村庄都是靠着海冰来保护自己免遭海洋的侵袭。然而如今，一旦海冰融化，海浪就会击打海岸。之前，岸上的永冻土会使沙丘变得更坚固，而现在这里一年四季都看不到冻土了。一旦土地变软，它就更容易被侵蚀。2002 年，石思马莱孚村民进行了一次迁移投票。大家都支持将这个村子搬迁到远离海洋的安全地带。随着海平面的上升和永冻土的融化，很多阿拉斯加土著人都眼睁睁地看着自己的土地和家园被冲毁或淹没。

左图：图瓦卢岛位于太平洋，是一个很小的岛国，离海岸线很近。2005 年涨潮的海水将他们的街区冲毁时，图瓦卢的儿童们在他们的“靠帕帕”（一种露天木炕）上闲坐

一些阿拉斯加青少年在见证了全球变暖对环境带来的影响之后，就特别关注环境问题，他们发起一项活动，呼吁大家减少家庭能源消耗，并让大家在他们的请愿书上签名，他们已经获得了成千上万人的签名支持。“阿拉斯加青年环境行动”组织（AYEA，下文统称AYEA）号召所有的人都在请愿书上签名，要求大家使用紧凑型荧光灯[1]来代替白炽灯；调低自动调温器；去商场购物时使用可重复利用的布袋；要及时拔掉不用的电器电源等。他们还将这份请愿书送到了华盛顿特区，并交给了阿拉斯加州女参议员丽莎·穆尔科斯基（Lisa Murkowski）。她不但签署了这份请愿书，还说，“我为AYEA喝彩，因为他们将环保的信息传播出去，使我们每个人从举手之劳做起，为地球减少碳排放量。”到目前为止，已经有5000名志愿者签署了这份请愿书，AYEA据此推算，他们已经为阿拉斯加州减排掉约2000万磅（约9071吨）二氧化碳。电影制作人艾米·威尔逊（Amy Wilson）曾导演了一部介绍“AYEA项目”的电影，名字叫《五个原因》（“*Five Reasons Why*”）。

1. 译者注：紧凑型荧光灯（Compact Fluorescent Lamps）现已成为家喻户晓的节能产品，特别是配有电子镇流器和选用E27螺口灯头的一体化型产品，这类产品简称为节能灯，而且公认为是目前取代白炽灯的唯一适宜光源。

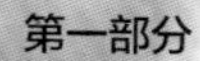

地球也在呼吸——如何测量二氧化碳

这个位于明尼苏达州的发电厂每天会燃烧 3 万吨煤炭，年用煤量达 900 万吨。以煤或是石油作为能源的工厂也会产生二氧化碳及其他有害物质。煤和石油都是由远古植物形成的，它们吸收了远古时代空气中的二氧化碳之后被掩埋，经过多年形成的腐殖质就变成了煤和石油。如今，当人们将其燃烧之后，那些“古”二氧化碳就会释放到大气当中

100多年前，人们就开始对每日的天气进行记录。气象学家，也就是专门研究天气的科学家，会用专门的仪器来观察天气。这些仪器有的被建在地面上，有的建在塔楼上，也有的被悬挂在天气探测气球上。它们可以记录一天当中各个时段的气温、降雨量、空气湿度、风速以及风向。天气状况在一个特定

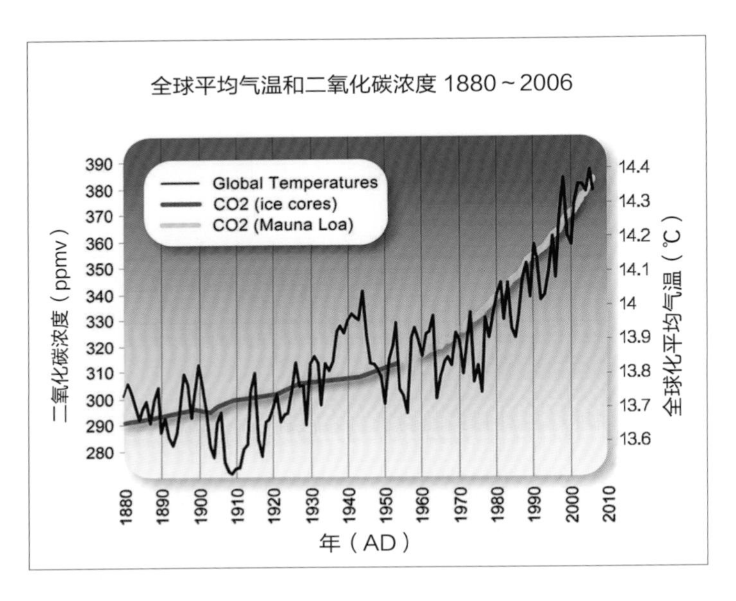

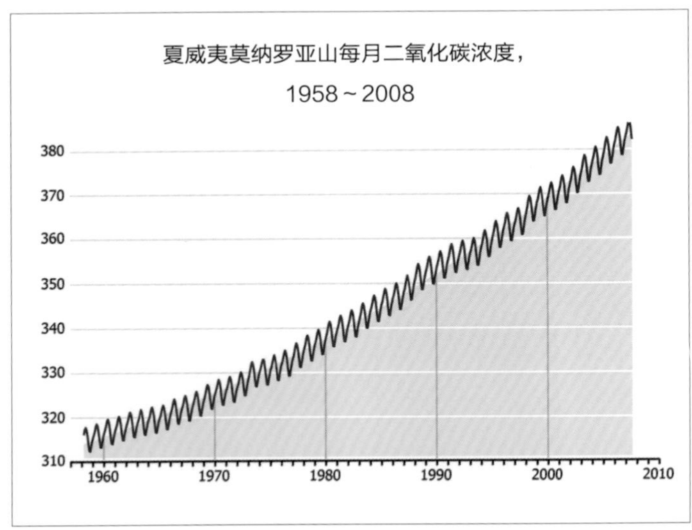

左上图：这个图表直观地展示了1880年到2006年二氧化碳浓度上升对气温升高的影响。图表分别显示了全球平均温度和二氧化碳浓度。其中，黄色的线条表示的是基林在夏威夷测量的二氧化碳浓度（可参考左上图），而红色的线条则表示的是取自冰岩心[1]的二氧化碳浓度

左下图：这就是著名的"基林曲线"，是查尔斯·基林博士对夏威夷莫纳罗亚山上的大气二氧化碳浓度进行测量所得的结果。每年春天到来的时候，北半球的植物都开始拼命生长，它们需要消耗额外的二氧化碳

的地区会形成一个天气图，并且长期处于一个平均状态，就被我们称作气候。

50多年前气象学家查尔斯·基林（Dr. Charles Keeling）和其他科学家曾推测，地球的温度与空气中的二氧化碳含量有关。二氧化碳对地球上的生物非常重要。动物、人类以及其他所有生物在呼吸的时候将二氧化碳呼出，而所有的绿色植物又会将其吸入，这个吸入的过程被称为光合作用。二氧化碳和其他气体，如甲烷和水蒸气，一起吸收太阳的热量，并散发在空气当中，使大气变暖。同理，只要日光照射，汽车驾驶室和温室内部就会变暖。太阳光照射在地球表面，并产生了热量，而这些热量又被各种气体吸收，使其无法完全返回太空。因此，地球温度就变得越来越高。在正常情况下，这些气体吸收的热量刚够地球上的生物来保持温度。然而，汽车及那些使用化石燃料（矿物燃料）——石油和煤炭——的工厂也会产生大量二氧化碳。煤炭和石油是由远古时期的腐殖质形成的。在几百万年以前这些植物吸收了二氧化碳之后，就被埋在地里，与空气隔绝。这也是“化石”燃料一词的来源。当人们燃烧煤炭或者石油时，就会向空气中添加“古”二氧化碳。

基林是世界上首位对大气中二氧化碳含量进行测量的人。1958年在夏威夷一个偏远地区，基林开始对空气中的二氧化碳进行首次日常测量。多年以来，他收集了大量确凿的证据，可以证明空气中的二氧化碳含量每年都在逐步增加。与此同时，他也发现每年都有一个循环。二氧化碳在每年的春季都会下降

1. 译者注：冰岩心，在冰川、冰原上钻取的冰体岩心。主要用于研究冰体的结构、构造、所含微粒、氢氧同位素的比值变化及其他化学元素的含量变化，进而推测地球上的气候变化序列及其年代。

上图：1997 年 7 月，晚年的查尔斯 · 基林获得了一项特殊荣誉奖，前美国副总统阿尔 · 戈尔（Al Gore）在白宫为他颁奖，并举行庆祝。2006 年上映的影片《难以忽视的真相》（“*An Inconvenient Truth*”）是一部记录全球气候变暖的电影，由阿尔 · 戈尔解说，并获得了奥斯卡最佳纪录片奖。2007 年戈尔与另外一些气候科学家共同获得了诺贝尔和平奖。诺贝尔奖委员会认定其获奖理由是：“他在创造以及传递有关人为气候变化知识付出了巨大努力，并让人们明白在解决气候变化问题时需要各种测量方法。”

一些。这是因为此时北半球的植物开始生长发育，需要吸收空气中更多的二氧化碳。到了秋冬季，这里的二氧化碳含量又升高了。仿佛地球宝宝也需要呼吸，绿色植物已经完成了它们吸收二氧化碳的工作。可是平均每年同一地方空气中的二氧化碳总量也会有少量的增加。在 20 世纪，空气中的二氧化碳含量适中，然而如今它在空气中的比例远远超出了 100 年前（参见第 76 页图片）。有些科学家将基林所绘制的二氧化碳比例图与 1960 年以来地球表面平均温度进行了比较之后，他们发现两者之间存在着一定的联系。

尽管在一年四季当中气温随着季节的变化比二氧化碳的变化更加明显，但总体来说，它们在过去的这么多年来都有升高。第 76 页上图（看实际情况）是世界上第一幅关于全球变暖的图表。刚开始的时候人们都普遍不承认两者之间有着直接的联系。基林等科学家推测气温与二氧化碳之间有着直接的联系，而在最初的那些年这一假设并不被大众科学家所接受。而如今，气象科学家搜集了足够的数据，科学界已经普遍承认，20 世纪气温上升是人为产生的温室效应导致的结果。

古代泥土为科学家揭秘海底世界提供线索

试想一下，您坐在海滩上，手里拿着吸管，并将吸管推进沙子里。沙子下面是一层泥土，泥土再往下是黏土。假设您可以将这根吸管不断地向下伸进去，穿过所有土层，并最后将吸管取出来的时候，可以看到，吸管里面装满了沙子、泥土以及黏土。它们形成了一种泥芯一样的东西。这个芯可以显示出不同的土层。在大洋深处，淤泥和黏土常年堆积在海床上，几千年或者是上亿年以来，它们都被积压在海底。科学家们在勘探船上将长长的金属管——就像一根巨大的吸管一样——插入海床，并将泥芯采集上来。通过分析这些泥芯可以研究气候历史。

右图：劳埃德·基格温博士在伍兹霍尔海洋研究所，正在检测一支长长的芯状沉淀物。目的是为了找出其中存在的有孔虫种类。

a
500 微米

b
500 微米

劳埃德·基格温博士（Dr. Lloyd Keigwin）专门研究那些拥有上万年历史的泥芯。基格温博士发现了一些线索。在这些泥层中有一种单细胞动物，它们属于有孔虫类，简称有孔虫。由于这些动物的壳特别小，小得就像沙粒一样，他必须把它们放在显微镜下观察。在不同的温度环境下，有孔虫壳上的碳酸钙含量也有细微的差异。在研究有孔虫壳上的化学成分时，基格温可以清楚地看见热盐对流[1]在上个冰河世纪末发生了巨大的变化（参见第 82 页图片）。据取自格陵兰岛上的冰芯提取物显示，这与全球气候剧变有着很大的关系（参见第 84 页附图）。

据基格温称，“由于过去这些年气候的急剧变化已经十分常见，所以人们更加担忧它会继续发生。”他说，他和另外一位科学家鲁斯·库里正“从不同的方面下手，来解决同一个难题”——大西洋海流与温度之间存在的关系。

左图：这张放大了的照片显示有孔虫（微型动物）的壳内所含化学物质，可以体现它们所处时代的气候信息。如图所示的两只有孔虫，基格温博士用相同倍数将其原始图片放大。这只较大的有孔虫生活在 6500 万年那场天气剧变之前，或许就是那次天气剧变导致恐龙的大量灭绝。而这只较小的有孔虫则处于之后的年代

1. 译者注：热盐对流，海水在垂直方向上由于温度与盐度的显著差异而引起的双向运动。

理查德·诺里斯博士（Dr. Richard Norris）是一位海洋生物学家、海洋学家，他从海床上取出了可以证明古气候突然发生变化的样品。在6500万年前的泥层中，诺里斯发现，在显微镜下他可以看见有十几种不同的有孔虫和其他微生物。然而他在泥层中也发现了一种稀有金属的泥层——铱泥层。这一金属的数量之大令诺里斯怀疑，它来自地外源——地球之外的太空中。在铱泥层之后的泥层中，诺里斯发现之前的那些微生物都不复存在了。诺里斯的泥芯很好地证明了以下这一理论：即在6500万年前，一颗巨大的、含有很多铱金属的流星撞击了地球，因撞击而产生的巨大尘雾扩散到大气当中，遮住了太阳，使地球变冷。这一现象导致了地球很多物种的灭绝，不仅巨大的恐龙，还有更小的海洋微生物都未能逃过此劫。最终，那些进化了的物种，即那些在铱泥层之后的泥层中可以看到的动物成活下来了。

左图：取自大洋深处的泥芯是由不同沉淀物组成。它们会向人类提供几十万年以前地球生物的一些线索

在远古时代的冰芯里，时间都被冻住了

泥芯里的有孔虫为科学家们提供有关远古时代海洋的温度及化学信息。然而远古时代海洋上空的大气温度的相关信息却是从古代冰芯上体现的。在远古时代，下雪的时候，雪花飘落在冰川上，并堆积起来，第二年再下雪，再堆，第三年、第四年——就这样年复一年积压下来的雪就变成冰，经过四季的轮回，就形成了许多不同的冰层。然而，冰芯所含的信息比降雪要多得多。如果冰芯中发现有气孔，就说明此段冰芯所处的时代，大气当中二氧化碳或者其他气体含量比较大。如果冰芯含有尘土，则说明在很久的一段时间内，大概是几千年内，当地的气候都比较干燥。

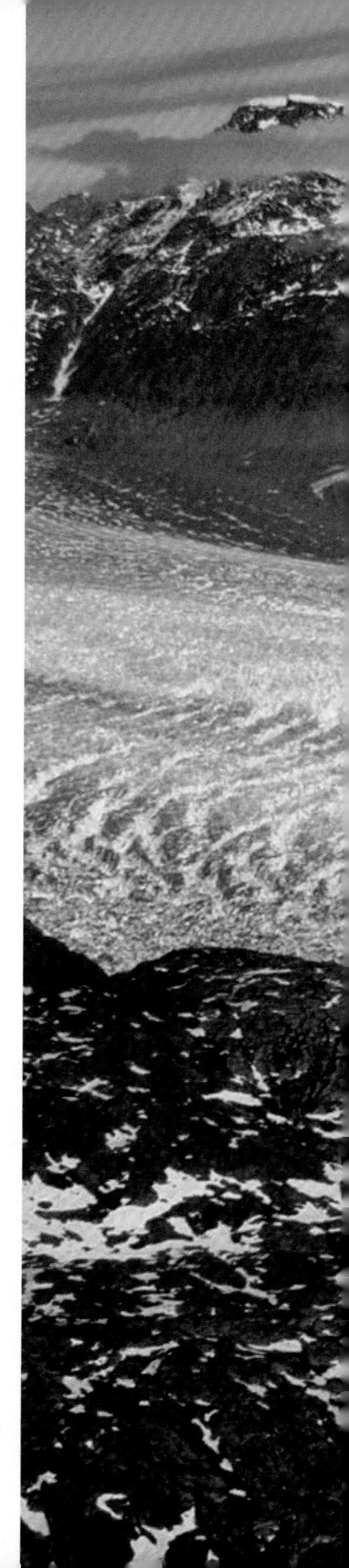

右图：一个巨大的冰川正从冰盖上面滑下来，滑向格陵兰岛西海岸。这表明，冰川裂缝处正在变薄，而且它们还在加速运动。大多数格陵兰岛的冰川都有这样的迹象。这些冰川运动都是由美国太空总署（NASA）用雷达、激光以及卫星测量出来的

北极探险队在 1987 年到 1993 年间，从格陵兰岛的冰盖上钻取了两个冰芯。这两个冰芯都有 11 万年的历史。其中一个是欧洲科学家们钻取的，另外一个是由美国科学家保罗·迈耶斯基博士（Dr. Paul Mayewski）带领的团队钻取的。研究这两个冰芯所获得的信息，使全世界感到震惊。

下图：在伯德（Byrd）极地研究中心，一位实验室技术员正在检查一个冰芯，它是由朗尼·汤普森博士从秘鲁的冰川上取回来的

科学家通过研究每年的冰层发现，格陵兰岛在冰河世纪过后，气候逐渐变暖，而且有时在十年内每年平均气温会发生 10 ℉（约 5.6℃）的变化。据此，迈耶斯基博士推断，气候发生剧变是极有可能的。他在论文中写道："这是一个正常的自然现象，它们已经在历史上发生很多次了，甚至在人类对地球气候系统产生大规模影响之前，就是这样了。"

在南极——地球的另一端，由美、俄、法三国科学家组成的科研团队获得了目前为止世界上最长的冰芯。他们对南极冰盖进行了深达 2 英里（约 3200 米）的钻探，获取的冰芯有长达 42 万多年历史。在南极另一个地方，一支欧洲科研团队也获得了一个年龄达 80 万年的冰芯。科学家们从这两个冰芯中发现如下两个信息，对于研究气候非常重要：

●大气中的二氧化碳和气温有着密不可分的联系。通过研究一个取自南极的冰芯发现，从远古时代的冰川世纪，到现在为止，二氧化碳含量和气温的起伏变化周期可谓是完全同步。

●通过测验取自地球两极拥有 80 万年历史的冰芯显示，如今空气中的二氧化碳含量比历史上任何一个时期都要高。

再结合一下查尔斯·基林博士研究的温室效应理论（参见第 76 页），我们不难得出以下结论：地球因其本身的自然原因会发生一些巨变。但是如果大气中二氧化碳过量，或者人类将其他温室气体排放在空气中，超过正常水平之后，就很可能会导致地球变暖，甚至可能迅速变暖。

除了上述的研究之外，还有其他的科研成果表明，地球气候在发生变化，过量二氧化碳对气候产生了严重影响。这一切皆引发了人类对气候的思考。人们开始讨论这些话题，并在商量对策。您将在本书第三部分读到，人们不仅在家里和学校，也会在公司谈论天气变暖，还会跟认识的或者不认识的市民群体诉说天气的异常。人们在县、州、市以及国家政府会议上为气候的事进行辩论。此外，人们意识到气候变化关乎全世界，关乎人类，所以国家之间也会联合召开国际会议，共商环保大计。所有的这一切，辩论、讨论、市民参与的全民行动都是关注环境的重要体现。

惊人的地球生物网

20世纪70年代，有两位科学家詹姆斯·洛夫洛克（James Lovelock）和林恩·马古利斯（Lynn Margulis）提出了“盖亚假说”［“Gaia Hypothesis”（GUY-ah）］。他们认为，地球上的空气、岩石、土壤、江河湖海以及一切生物

下图：蜜蜂满载花粉从加利福尼亚的罂粟上离开

上图：螳螂在澳大利亚热带雨林寻找猎物

都相互联系，形成一个大的生态系统。在他们所处的年代，这一学说被大家置之不理，那是因为当时的科学家们只顾着研究自己的学科领域，而没有从地球整体的视角来看问题。然而，随着地理学家、生物学家以及大气气候学家们对地球的进一步研究，他们逐渐发现生物之间的相互联系。热带雨林会影响北美的天气；南大西洋海流会波及到北冰洋；海洋微藻有利于形成积雨云；而积雨云又会反射太阳光。大自然中各个领域形成了错综复杂的、惊人的生物关系网。我们人类是这个大网中较年轻的成员。一方面人类依赖于大自然，另一方面我们也在用自己的行动影响着大自然。

地球上的生物群落——由某种动物或植物组成的大型区域——为人类提供了赖以生存的环境。光合作用的过程告诉我们，植物利用阳光和二氧化碳来生长，而它生长的同时又会为其他生物提供食物和氧气。雨水滋润植物，也会使江河溪流及地下水源充沛，为人类提供干净的饮用水。所有的这些都是维持生命系统（有时也被称为生态系统服务）的基本条件，也是健康地球给与人类的恩惠。

动物们也在为生态系统奉献自己的力量呢。蜜蜂和蝴蝶会为农作物授粉。幼虫、蠕虫以及千足虫会回收有机废物。螳螂和瓢虫等食肉昆虫、鸟类、蝙蝠等又会吃掉某些“害虫”。人体内的细菌和其他微生物会帮助人体消化吸收食物，使体内产生维生素等。只有当人体内的生物与体内环境达到生态平衡，人体才会健康。

动植物、细菌、真菌以及其他生物形态得以存活都依赖于特定的气候。如果全球气温上升会对地球产生影响，那么它究竟会如何使这个正常运转的地球发生变化呢？或者，气候变化会给人类赖以生存的生命保障系统带来不利影响吗？

植物学家、昆虫学家、鸟类学家正在为这些问题寻求线索。如果一个森林的生态系统处于平衡状态，会表现出一些特征，如小囊虫（也叫树皮甲虫）就会攻击并毁坏生长不良的树木。然而，生物学家爱德华·贝格博士（Dr. Edward Berg）与昆虫学家肯尼斯·拉法博士（Dr. Kenneth Raffa）发现，在阿拉斯加州较为暖和的地区，树皮甲虫越来越多，而且它们甚至会寄生在健康的树木上。

如果由于气候异常，某一类生物灭绝了，那么跟它互相依存的那些生物该怎么办？有一年春天天气出奇的暖和，于是《一

下图：黑脉金斑蝶（帝王蝶）停靠在乳草属植物上

路向北》杂志的工作人员就对某些地方的植物和昆虫进行了记录，发现这些动植物都在改变自己的生物钟。花儿比往年更早开花，乳草属植物也比平时提前发芽、生长。大斑蝶对变暖的气候也有反应，它们会飞往更北的、没有去过的地方去寻找正在开花的乳草属植物。然而，在天气变冷的时候，它们无法立刻返回，就跟乳草属植物一起被冻死在那里了。在欧洲和世界上的其他地区，鸟类学家观察到，鸟类通常需要给小鸟宝宝捕捉昆虫作为食物，有的鸟会在这些昆虫出现之后才迁徙及筑巢，而有的鸟还没等到虫子出现，就迁徙回来并开始筑巢了。

盖亚假说，即环球生态系统学说，认为在大部分情况下地球是一个整体，是不可分割的。正如林恩·马古利斯警告世人所说："地球上的所有生物互相利用，才使我们拥有可供呼吸的空气，鱼儿们得以在海洋里游来游去，整个地球处于舒适的温度。"这些自然过程都是不可替代的，不管人类花多少钱，都无法仿造。归根结底，只有保护环境，珍惜它给我们带来的美好礼物，才可以维持地球上的生物正常生长。

下图：暖和的气候使得更多的昆虫存活下来，并不断攻击树木的自然防御能力（参见第94页）。仅阿拉斯加可奈半岛，因为气候变暖导致了树皮甲虫过量繁殖，使得400多万英亩（约161万公顷）白云杉林（除了幼苗）濒临死亡

“数字处理器”与千年温度表

我们所知道的一切有关气候变化的信息都源自他人对个体事物的仔细观察和数据搜集，以及对各种事物——小到微小的蝴蝶，大到巨型冰川的研究。如果有人能够把所有的信息都结合起来，那么想象一下，我们将会拥有一幅多么巨大而完整的图片啊！这个图片将为我们呈现地球上正在发生的一切。而做这些工作的人，就是科学家们！

为了搞清楚数据所表示的含义，我们通常会画时间线图、饼状图或柱状图。而科学家们会在收集大量数据的时候使用计算机。他们通常被称为“计算机科学家”或“模拟专家”，有时也被称为“数字处理器”。这些人或许一辈子都没有亲眼见过他们研究的地方。离开“数字处理器”和他们最先进的计算机去分析复杂的数据，几乎是不可能的。

迈克尔·曼（Dr. Michael Mann）、雷·布拉德利（Dr. Ray Bradley）和马尔科姆·休斯这三位博士曾利用计算机分

右图：图中的这个人叫马尔科姆·休斯，他是美国亚利桑那州树木年轮实验室的博士，他正在调查研究美国加利福尼亚州怀特山上那些古老的、枯干的狐尾松。这些树木的年轮会为研究古代气候提供相关线索

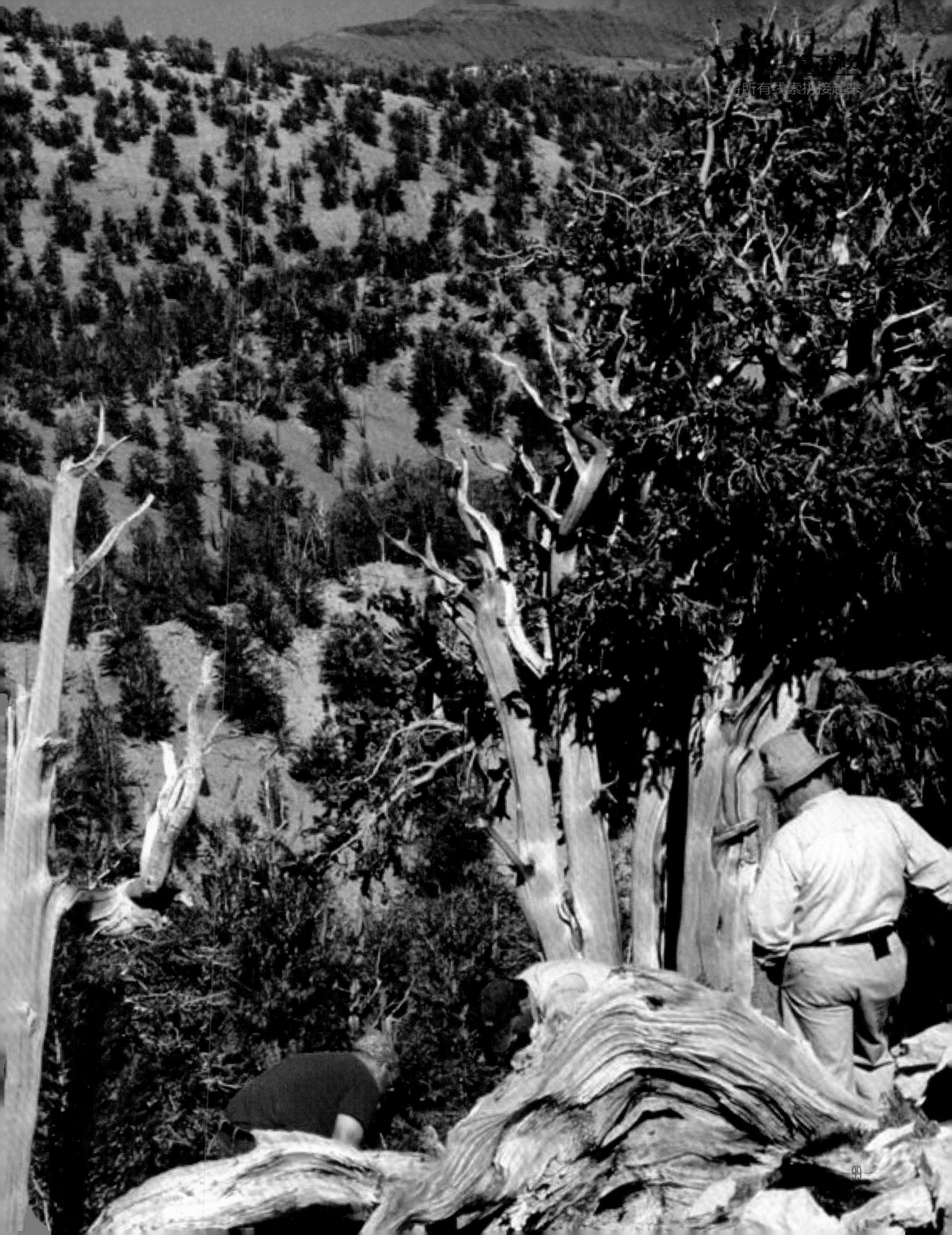

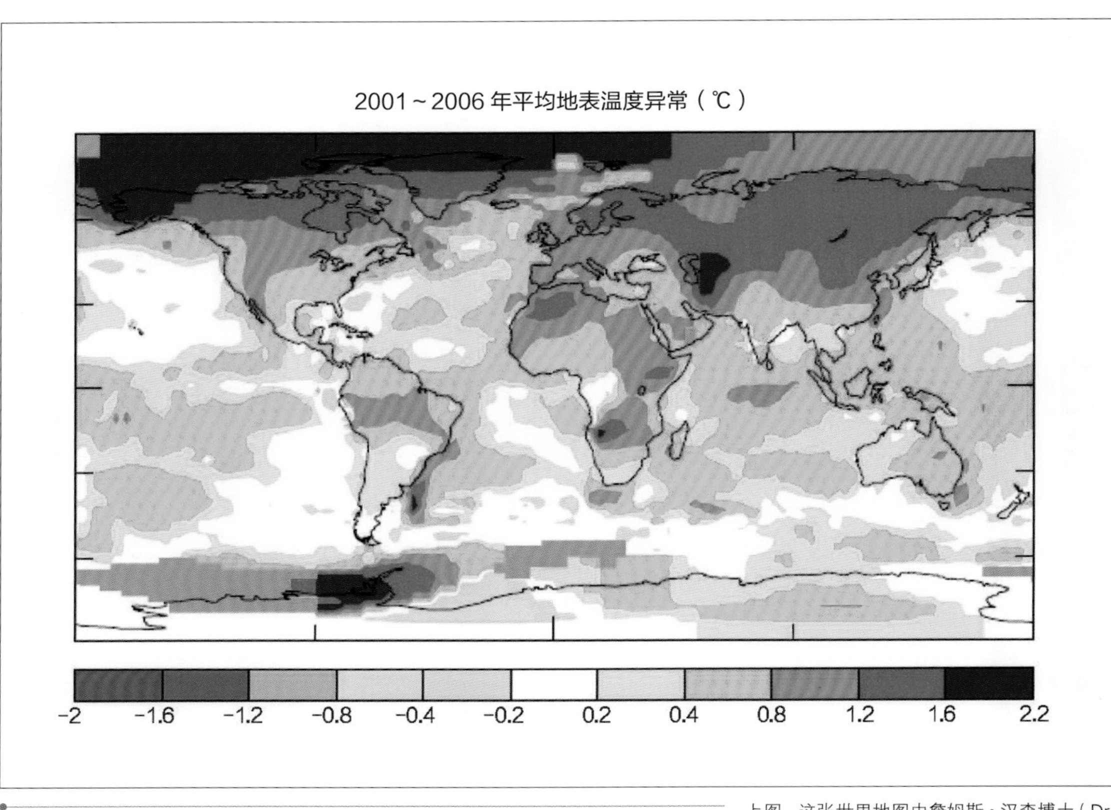

上图：这张世界地图由詹姆斯·汉森博士（Dr. James Hansen）的团队在美国航空航天局制作而成，展现了近 30 年来全球的升温情况。

析制作出地球温度变化曲线图（见上图）。通过温度计实测他们知道地球北半球的温度在 20 世纪升高了 1℃。曼既是气候科学家也是“数字处理器”。布拉德利研究古气候–古代地球的气候，他通过研究古湖沉积物中的泥芯来寻找气温线索。休斯是树木年轮专家，他的工作我们在第 39 页就介绍过。这三位科学家将自己搜集的关于年轮、冰芯以及古湖海沉积物的数据结合起来，制作了一幅关于古代气温变化的推测图。曼对这些数字进行了详细处理，并制作出曲线图（参见右图）。它表示的是在过去这 1000 年中地球温度的变化。图片显示，在过去很长一段时间内，地球温度一直保持在一定范围，而在 20 世纪早期，这一温度突然开始上升，并在 20 世纪的后 40 年内急剧上升。科学家们一致认为，现在的大气气温极有可能达到了史上最高。

有些科学家用电脑制作模拟模型，用来预测未来。如特里・儒特博士就曾用电脑制作模型来预测飞鸟种类在未来的变化。沃伦・华盛顿博士（Dr.Warren Washington）也做了模拟模型，来推测人类对气候的影响。他是从卡特到克林顿历任总统和国会的科学顾问，无论是民主党人执政，还是共和党人，都未曾改变。他与其他科学家组成一个团队，将很多不同领域——海冰、阳光、雨水、海流等数据分析综合起来，创建了“气候模型”。综合所有因素足够使他们对更加复杂的事物建立模型，例如北冰洋模拟系统。

用计算机模拟气候最著名且影响力最大的是詹姆斯・汉森博士（Dr. James Hansen），他也是一名气候学家。汉森博

右图：关于北半球气温的可靠记录大约始于 1850 年。黑色线表示的是用温度计测量所得的温度。图表中其他颜色的线条都是科学家利用不同方法对历史温度的推测，如通过分析树木年轮（绿色线）、冰川退化（深蓝色线）以及地下土体温度（浅蓝）所推测出的气温。剩下的线条所代表的是一些相关资源的组合。由于科学家对很久以前的事情所做的推测不是很确定，所以，图表中左侧部分的灰色阴影越来越深，也就是说，时代越久远，不确定性就越强

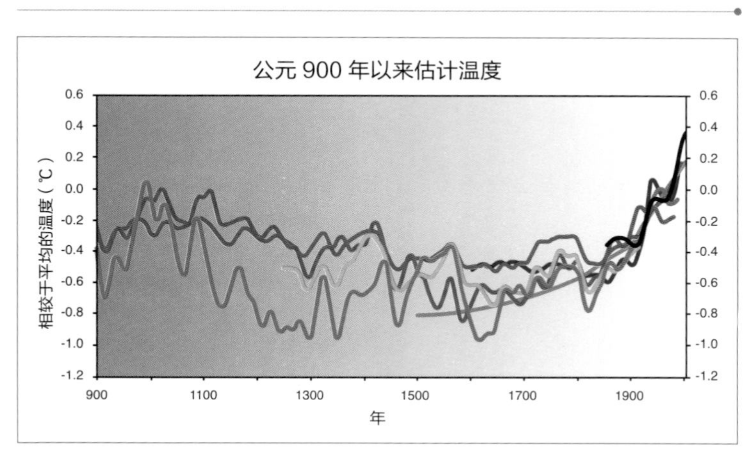

左图：沃伦·华盛顿博士的照片，他是一位有影响力的科学顾问，在白宫任职，曾为多名总统效力。他也是“气候模型”团队中的成员，他们制作的模型可以模拟复杂事物的运作模式，如北冰洋系统

士为美国国家航空航天局效力。美国航天航空局的主要任务是管理太空飞船，拥有大量人造卫星，为人类提供地球的相关信息和图片。作为一名科学家，他耗尽毕生精力想弄清楚人为因素——因人类行为而造成的气体、尘埃和微粒——是如何改变大气成分并影响气候的。汉森利用卫星数据监控和研究全球性变化。

汉森提出了化学物质对大气产生影响的一系列假设，他用搜集到的数据来验证假设。例如，他的气候模型会预测出火山喷发时产生的火山灰对全球气温的影响。处理数据会占据大量时间，然而他说，“科学的兴奋点，就在于将理论和数据进行对比，并形成关于全球变化的基本认识，这一切就都值了。”

天气 RATS 观察并记录气候数据

在美国马萨诸塞州威尔布拉汉市的索尔路中学，学生们会在学校天气站做一些测量工作，通过这些工作，他们不仅了解了天气相关的知识，而且将这些信息与他们的合作学校分享。这所学校有很多合作学校，分别在美国俄克拉荷马州、波多黎各自治区和亚利桑那州，在马萨诸塞州就有 7 所学校是他们的合作

下图：这些学生们利用吸管和纸杯制作简易的风速计——风速测量装置，他们正在利用它来收集数据并计算出风速

学校。据天气 RATS（天气追踪研究系统 Weather Research and Tracking Systems）提供的信息表明，在北美洲，天气变化会随着气流逐渐自西向东移动。这意味着当某一气候经过亚利桑那州的图巴市时，下一步就很可能正向马萨诸塞州移动。人们利用天气 RATS 来测量空气湿度、降水量、气温、风速以及风向。

天气调查小组有时会跟合作院校一起追踪飓风和恶劣的天气状况。他们通过追踪气象发现全球（包括大气在内）都是互相联系、密不可分的。他们的老师玛丽·塔夫特（Mary Taft）经常搜集气流数据，当她把这些数据输入电脑，并开启模拟模式之后，就能真实地看到了天气运动图。现在孩子们就会讨论，气流出现高压脊和低压槽时，会对当地气候产生什么

下图：这些学生们通过观察互联网上的水蒸气变化来对喷射气流进行定位，网上能找到最新的卫星图像

上图：学生们正在通过用饮料瓶制作简易温度计来学习科学原理。他们先给瓶子里倒入大半瓶有颜色的水，然后插入一根吸管，再将吸管口用橡皮泥封住。之后，他们不断交替对瓶子进行冷却及加热，并观察吸管中水位线的变化

样的影响。

起初，学生们不理解天气和气候究竟有什么不同，但是通过每天制作天气报告，他们明白了气候就是一个地区天气特征的长期平均状态。

早在 1992 年美国俄克拉荷马州易妮德市的门罗中学就开始研究天气了。当时有位肯尼斯・克劳福德博士（Dr.

Kenneth Crawford）将天气数据交给这些中学生。从那以后孩子们对气象学——专门研究天气现象的科学——非常地着迷。通过俄克拉荷马天气信息网，学生们得以获得很多天气数据，这些数据都是由一座座强大的气象塔网络采集的。这些塔专门为天气观测组织、恶劣风暴实验室以及专业的气象学家服务。学生们可以分析实时数据。

跟其他拥有天气 RATS 的学校一样，他们有自己的天气站，并可以在学校里监控实时天气。他们还跟波多黎各的天气 RATS 学校进行交流，比如，当飓风侵袭波多黎各时，他们会根据自己的兴趣在网上向那边的学生提问。俄克拉荷马州同样也会有恶劣的天气，如龙卷风等。通过这样的交流，学生们开始认识到不同的地域拥有极不相同的天气。

他们的老师洛里・坎普・佩因特（Lori Camp Painter）向我们描述到，她的学生们可以通过以下方法来预测一大堆云群的到来。首先他们查看中尺度天气[1]数据，然后外出观察后预测云群的先锋何时到来。学生们会预测龙卷风的监测区域。通常情况下，他们会在新闻上看到自己预测的区域与气象学家锁定的区域一样。

门罗的学生也研究天气及气候史。他们对俄克拉荷马州历史上发生过的事件，如沙尘暴和洪灾进行研究。“孩子们知道了查看长期数据的重要性，”佩因特女士说，“他们会看到某些历史上的农业问题导致了沙尘暴，现在如何解决和处理。这引发他们对历史事件的思考，思索未来会发生什么，我们现在怎么做，才能创造一个更美好、更安全的世界。”

---

1. 译者注：中尺度天气是指水平尺度几十千米至几百千米，时间尺度几小时到几十小时的天气现象。

上图：这是俄克拉荷马州一所中学的天气追踪研究小组。他们和亚利桑那州、马萨诸塞州以及波多黎各的伙伴们交换信息。

自己的“碳足迹”自己负责

每个城市都会消耗巨量能源。本图是日落时分在 66 号公路上拍摄的美国新墨西哥州中部大城阿尔伯克基市。全世界一半以上的人口——大约 32.5 亿人——都住在城里，其中一大半人都住在城市周边的郊区，乘车上下班。这就意味着，城市会集中产生大量污染物和废弃物。每个城市都会产生巨型“碳足迹”。与此同时，每个城市也是公共交通、日用品和食品运输的集中地，再加上新型建筑技术，这一切又可以使能源得到更有效的利用。

90th

“气候脚印”（“Climate Footprint”），指的是一个人在日常生活中产生的二氧化碳及温室气体的总和。它也被称为“碳足迹”（“carbon footprint”），碳指的是二氧化碳的碳。每个人都有碳足迹。在世界各国当中，中国和美国的碳足迹最大，且目前为止两国的排碳量也相差无几。无论是个人还是国家，亦或是整个世界都面临着一个抉择：要么继续走我们的老路，即使用石化能源加剧气候变暖；要么开始改变自我，改变社会。

罗伯特·弗罗斯特（Robert Frost）在他名诗《未选择的路》（*The Road Not Taken*）中是如此描述的：

诗人伫立在秋日树林的岔路口上，在他面前有两条路，他须择其一而行，而那将要选择的道路会影响他的一生。无论他选择了哪条路，他都会回望过去，如果自己选了另一条路，生活将是另一番景象。我们全人类现在也处在决定未来能源的十字路口，而我们每个人都有决定权。

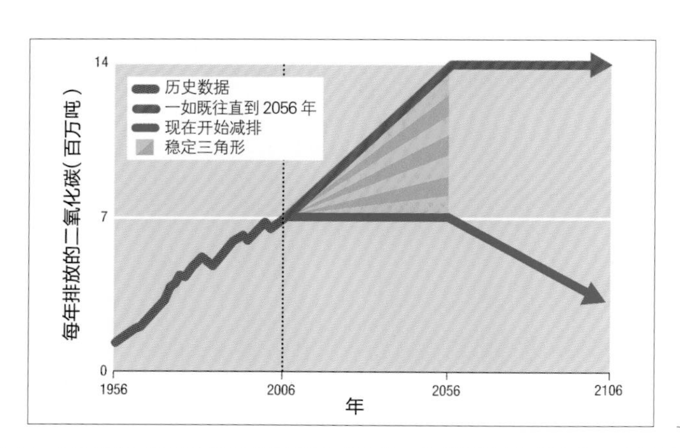

上图：人类到底可不可能做到有效减排？罗伯特·索科罗博士和斯蒂芬·柏卡勒博士认为，先保持排碳量不再增加，然后再减少排碳，这个方法是比较可行的。他们制作的这个图表显示，从 1956 年到 2006 年间，大气中的二氧化碳量急速上涨（请看绿色线条），如果我们持续不作为，任其发展的话，到了 2056 年，它会继续上升（请看棕色线条），而绿色线条所代表的是，如果我们先维持排碳量不再上升，然后开始减排之后，大气中的二氧化碳量才会逐渐变小。图上的蓝色和棕色线条形成了一个“稳定三角形”和七个“小三角形”，其中每个小三角形都代表着人类从现在到 2056 年可以减排的碳量——每年约 100 万吨。要达到这个目标，不仅需要人们改变自己的生活方式，持之以恒，而且需要科技上有更多的节能创新

上图：少开汽车便是减少碳足迹的一种方式

试想，如果有个人将一个巨大的苹果派放在你面前，想要你把它吃光。你可能只想吃那么一两块，但是谁也别指望你一下能把整块儿派都吃完！但是，如果你叫你的朋友们来，给他们每人分享一块儿，那么这个硕大的苹果派就会被很快吃完。同理，由于全球变暖，我们们每个人都需要减少碳排量。看起来这似乎是一个非常艰巨的任务，但是如果我们每个人在日常生活中减少一点排碳量，其影响力也是非常巨大的。而且，无论我们有没有意识到，世界上的每个人都有一个“能量派”——每个家庭、每个学校、每个公司、每个州以及每个国家都是如此。这个能量派是指的是所有人消耗的能量总和。人们也可以换一种方式来思考这个问题，如“气候脚印”或“碳足迹”。

社区与朋友圈的力量

虽然美国佛蒙特州蒙彼利埃市的中学生们还没开始他们的减排（减小碳足迹）之行，但是他们每年都在做一些力所能及的事，防止大量二氧化碳进入空气。学生们发现，有时呼吸了学校里的空气之后，就会感到不舒服，尤其是当他们哮喘病发的时期。每天早上和下午，校车就停在门外接他们上下学，而在等孩子们上车这个时间段内，汽车引擎一直在空转。孩子们就想知道：这些汽车尾气会不会被带到学校？汽车尾气究竟有什么成分？我们怎么才能查明真相？

后来，学生们发现有个叫做“佛蒙特空气”的组织可以帮助他们。在电脑采集社区环境样本系统的帮助下，孩子们对教室里的空气进行了检测，即在校车来之前测一次，在校车停留数分钟之后再测一次。其检测结果显示，校车空转释放出来的有害气体会入侵学校。学生们做的不止这些：他们在立法机构还没有证实这一点之前，就向政府和公众证明怠速1的危害。在2007年2月，佛蒙特州通过了一项反怠速法。现在，学生们已经意识到，汽车尾气中的二氧化碳也是导致温室效应的原

左图：在哥斯达黎加的蒙特维多有一个生态雨林，名字叫做“儿童永恒的雨林”。像这样的健康雨林会“吞吃”或消化大量二氧化碳

1. 译者注：所谓怠速，或者称为slow，是不踩油门时，汽车引擎维持正常运转的最低速度。而所谓反怠速指的是不让引擎以怠速长时间来运转。

225 Main Capitol Build
Harrisburg, PA 17170
January 11, 2007

Dear Governor Rendell,

Pretty please, I really want clean air to breathe. I bet you do to Could you please agree with me and make a a law to stop idling. Idling is when trucks leave their truck when they're not driving it. Then co you make more plugin yellow thin trucks. I really want to live longer probably do too. Plus you could be governor longer. I do not want to next to have PM2.5 in my lu

A Broad St. 3rd g
Gina

上图：这是一封美国宾夕法尼亚州卡莱尔市的孩子写给镇长的信。他们还给其他官员写信，要求成立反怠速法。他们在信中援引了实时数据，数据取自他们镇上的由“清洁空气委员会”所安装的空气监测器。虽然大多数卡莱尔市的孩子们看不见也摸不着这些污染空气，然而那些患有哮喘病的孩子却深受其害

因。他们在保护自己身体健康的同时，也是在减少佛蒙特州的碳足迹。

在实施了校车反怠速法之后，学生们因此可以每年为每辆校车节约 20 加仑（约 75 升）汽油——减排 400 磅二氧化碳。如果有 10 万辆校车参与反怠速活动，那么人们每年就会减少

向空气排放 97000 吨二氧化碳。美国校车清洁组织会协助各个学校及各个州的汽车反怠速活动。

如今，全世界的年轻人都在植树造林，这是一件大好的事情。但是什么都无法代替森林，它们为人类提供赖以生存的条件。一棵成年树木不仅每年可以吸收 48 磅（约 21 千克）二氧化碳，而且会向空气中释放氧气，足够两个人一年的需氧量。热带雨林尤为重要。据卡内基研究院全球生态研究所的肯·卡尔戴勒（Ken Caldeira）称，“热带雨林对气候十分有利，我们应该十分小心地保护它们。”哥斯达黎加的蒙特维多雨林，是一个保护雨林的非常好的例子。要是没有人保护它，它早就被砍伐且沦为耕地了。然而，现在它被称作“儿童永恒的雨林”，被完好地保护下来。它占地 50000 英亩（约 20000 公顷），整个森林茂密而壮观。它是由世界各地的小朋友们一起拯救下来的。

密歇根湖半岛的青年们通过写信给当地的报纸以及参与在电视和广播的访谈节目，来提醒当地人如何保护雨林。他们发起一项运动，以集资 200000 美元的方式将濒临砍伐的森林买了下来。马里兰州的年轻人也在拯救自己州内的森林。当他们得知一个原本属于美国新教圣公会的 600 英亩（约 242 公顷）的森林将要被砍伐时，他们写信给主教，并将这些信件在国家新闻电视节目中公开诵读，这个节目是由查尔斯·奥斯古德（Charles Osgood）主持的，名叫“周日清晨”。此后，各种抗议信件如洪水般涌入圣公会，一致要求保护森林。

此外，青年们还拿出了扭转乾坤的一招，即他们要求家长们将子孙后代和整个地球放在最重要的地位。他们的口号是“地球不是接（传承）来的，而是借来（预支）的”，即我们不是世世代代继承了地球的使用权，而是一点一点从我们的后代那里借来的。

上图：来自墨西哥的农村孩子正与“一路向北”项目工作人员查探当地蝴蝶的迁徙模式，这种蝴蝶被称为黑脉金斑蝶，只在冬天到墨西哥的部分地区越冬

孩子们，你们能做些什么来拯救地球？

我们每天生活在地球上，就会使用能量，也会向空气中释放温室气体。从日出之时到日落之后，即便在深夜，静待在舒适的屋子里，你都在使用能量——每时每刻我们都在留下碳足迹。当你在家打开电灯开关，位于地球另一个地方的发电厂就开始燃烧矿物燃料。汽油可以为轿车、卡车、越野车、割草机、落叶清扫机以及轮船提供动力，然而，它也会产生人造云——因人而生的——二氧化碳。每燃烧1加仑（1加仑≈3.785升）汽油，就会释放出近20磅（约9千克）二氧化碳。

下文所列的行动会帮助您减少碳足迹。您的举手之劳会使整个世界大为不同。我们每个人最好减少自己的排碳量，而不是通过支付“碳补偿”[1]来为自己的排碳量买单！

如果路程安全的话，步行或骑自行车上学；使用公共交通工具在居所附近购物；减少出行次数；度假旅行乘坐火车，而不是飞机。

请您的父母不要使引擎空转。每辆汽车保持每天怠速不超过10分钟，平均一年就会减少排放550磅（约250千克）二氧化碳。

倡导校车不怠速，则会使每辆校车每年省油20加仑（约75升）——每年减排400磅（约181千克）二氧化碳！

---

1. 译者注：碳补偿，作为流行全球的一种环保方式，期初倡导驾车人支持植树或其他环保项目，抵偿个人驾车过程中产生的碳排放。

尽可能驾驶节能车，双动力车也可以。如果您的车耗油量为每加仑 32 英里（每 3.8 升 51 千米），那么每年您会为世界减排 5200 磅（约 2358 千克）。还有些双动力车则可以达到每加仑 50 英里（每 3.8 升 80 千米）。

重复、循环并减少使用纸张、玻璃和塑料制品。如果您所处的社区和学校已有了回收利用计划，那么使它精益求精。如果还没有，那就赶紧开始行动吧。

上图：这些学生来自加利福尼亚州，他们正在学校的菜园里种南瓜。到了秋天，有些南瓜被做成南瓜灯。南瓜子晾干后被孩子们吃了，剩下的部分还被做成了南瓜派和南瓜辣饼

用节能灯代替白炽灯。

拔掉家里所有的插头。供暖和家庭用电所释放出大量温室气体，占家庭平均排碳量的三分之一。

饮用过滤后的自来水，而不是买塑料瓶装水。随身携带自己的可重复利用旅行杯，而不是用一次性杯子或瓶子。

帮助保护森林里的古树，特别是热带雨林里的树木，它们可以吸收大量二氧化碳。如果每个孩子为保护热带雨林捐出100美元，那么100万个孩子就会保护100万英亩（约40万公顷）热带雨林，100万英亩热带雨林可以每年吸收2.86亿吨二氧化碳。

少吃肉，多吃素。牛和羊会排出一种叫做甲烷的温室气体。畜牧业和肉食加工业所产生的温室气体比所有汽车和越野车加起来的排碳量还要多。

理性购物。买东西时想一想，这些东西原产地是哪儿，原材料是啥，购买当地生产的应季食品，这样可以减少运输导致的能源消耗。或者自己种植蔬菜。

选购没有包装的产品。想想那些“想要品”。正如苏斯博士（Dr. Seuss）在他的电影《罗拉克斯的故事》（*The Lorax*）中所说，所谓想要品，就是你觉得你需要它，但其实你根本不需要的产品。

学以致用。帮助你的学校实施对气候有利的措施。鼓励学校进行旧物回收利用，减少使用一次性产品，鼓励拼车，反对校车怠速，安装绿化屋顶和太阳能板。

带动你所在的社区促进减排。给新闻报纸编辑写信，建议当地兴起减排运动。提交“一步一步走起来”减排项目的保证书，并让政府官员们签署这项保证书。如果在镇上已经有人带头开始这样做，那么为他们当志愿者，帮助他们做得更好。让各个企业知道，我们很在乎他们有没有节能。

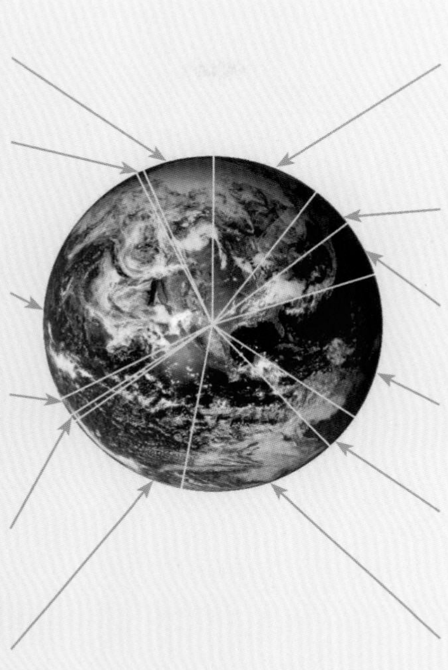

如果每个孩子可以将家里的 6 个白炽灯换成节能灯，那么 100 万个孩子每年就可以减排 300000 吨二氧化碳

如果每个司机每天把自己的怠速时间控制在 10 分钟以内，那么 100 万个司机每年就会因此而减排 27500 吨二氧化碳

如果每个孩子都将自己生活用品重复利用一遍，那么 100 万个孩子每年就可以减排 1200000 吨二氧化碳

如果每个国家都规定校车每天怠速不超过 15 分钟，那么，（平均每个国家有 440000 辆校车）全国的校车每年就会减排 97000 吨二氧化碳

如果每个孩子都不再用塑料瓶喝水或不买瓶装水，那么 100 万个孩子会减排 15000 吨二氧化碳

如果每个家庭每周减少驾车 15 千米，那么 100 万个家庭每年就可以减排 450000 吨二氧化碳

如果每个孩子每天少看电视或电脑两小时，那么 100 万个孩子每年可减排 80000 吨二氧化碳。这些孩子每个晚上都关掉电脑——每年还会减排 475000 吨二氧化碳

如果每个孩子每周少吃一个芝士堡，那么 100 万个孩子每年就会阻止 170000 吨二氧化碳进入大气

如果每个家庭用凉水洗涤衣物，那么 100 万个家庭每年会减排 250000 吨二氧化碳

如果每个家庭选择购买当地出产的食品，或自己种植蔬果，那么 100 万个家庭每年会减排 625000 吨二氧化碳

如果每个孩子在自家院子里种植一棵树，100 万个孩子就能种 100 万棵树，并且养护它们，等这些树长成大树之后，它们每年可以吸收 160000 吨二氧化碳

如果每个家庭都开耗油量为每加仑 40 英里（每 3.8 升 64 千米）的汽车，那么与现状相比，250000 个家庭每年就会少排 690000 吨二氧化碳

上图：如上所示的这个饼状图想要说明的是，如何让 100 万个孩子能在一年当中帮助减排 4500000 吨二氧化碳。这个目标如果可以实现的话，地球就可以少建一家以煤为能源的发电厂。这幅图上列出来的都是如何减少“碳足迹”的方法。但是，我们在生活中可以做的远远不止这些，如果都列在这个图上的话，恐怕这个圆圈都要被撑破了：比如说家用电器——洗衣机、烘干机、电冰箱等——都会耗费大量能量。如果 100 万个家庭都能把家里的旧电器换成星级节能款式，那么每年就会因此减排 3000000 吨二氧化碳。全美国大概有 5500 万学龄孩子，想想如果大家都能参与进来的话，那该有多少二氧化碳能被减少呢

科学家对话世界公民

本书所介绍的科学家们都在帮助人们了解影响地球变化的真相。苏珊·所罗门博士（Dr. Susan Solomon）是大气科学领域最有影响力的研究人员之一。到目前为止，她已经发表了150多篇科研论文，甚至有一个南极冰川就是以她的名字命名的！

所罗门博士的首次南极之旅是为了研究臭氧。臭氧是一种地球大气平流层的化学气体。它可以帮助阻挡来自太阳的有害射线进入地球。科学家们已经发现，被称作含氯氟烃的化学物质（chlorofluorocarbons, 多用于头发喷雾剂和空调制冷剂）正在削弱臭氧层。1985年英国科学家发现南极洲上方的臭氧层有一个巨大的空洞。同年冬天，所罗门带领了一个探险队进入了夜色笼罩的南极，去探明究竟是什么原因导致了这一巨大损失。她的研究成果显示是那些含有氯化物包括含氯氟烃的化学气体正在吞噬着臭氧，而且其速度快得超乎我们的想象。鉴于她的研究十分重要，她多次被邀请在科研会议上发表讲话，还被邀请在美国国会发言，说明停止排放破坏臭氧气体的重要性。所罗门总是以臭氧和含氯氟烃凭数据来证明。由于她的研

右图：苏珊·所罗门博士在南极。她正研究南极上空的臭氧层。她是大气研究领域极为卓越的科学家，并在美国国会面前提供证词，说明与日俱增的二氧化碳是温室气体的罪魁祸首，它们的增加基本上都是人类活动的后果

SCOTT AA BASE
KILOMETERS TO
SOUTH POLE 1353
WELLINGTON 4080
SANTIAGO 7079
CAPE TOWN 7408
WASHINGTON 14828
MOSCOW 16899
LONDON 17039
CHRISTCHURCH 3832
CANBERRA 4807
BUENOS AIRES 7160
TOKYO 12760
PARIS 16708
BRUSSELS 16930
OSLO 17839

究客观、可信且十分重要，这些研究成果已经被世界各国的化工业所承认和接受。国际环境保护公约《蒙特利尔议定书》（*The Montreal Protocol*）规定各国应减少排放破坏臭氧的气体。全世界 190 多个国家和地区签署了这项议定书。

所罗门的科学研究工作得到高度推崇，2002 年她被一家国际科研团队任命为联合主席，专门分析研究地球变暖问题。这个团队的主要任务是对气候科学界所有有价值的论文和报道进行评估，并将重要结果向全世界人民报道。所罗门和另一位来自中国的气象学家秦大河院士共同组织并整理了来自世界各地 152 位科学家和 600 多位专家的科研成果，并将其精华内容寄送给几十个国家政府以供阅读。之后，他们收到了来自全球的 30000 封反馈信件。

2007 年所罗门在法国巴黎向科学家们展示科研成果时曾说，“人类活动排放出的气体导致了温室气体的大量增加，这一点是毋庸置疑的。我们非常确定，自 1750 年开始，人类活动导致了一连串的负面效应，全球变暖就是其中之一。”她再次在大会上发言时声称温室气体的罪魁祸首——与日俱增的碳排量，其主导原因主要是人类活动。气候学家斯蒂芬·施耐德（Steve Schneider）也说，“要解决环境问题，我们必须首先制定法律，研发节能环保产品。然而我们若不痛下决心，勇于实践或是缺乏领导力的话，这一切都会徒劳无功。幸运的是，苏珊·所罗门为我们承担了领导的角色。”

来自科学家的心声

美国爱荷华州的詹姆斯·汉森博士，被物理与天文学系录取，并参与一项太空科学项目。他说，他花了十年时间才真正意识到，最激动人心的星球研究就是对地球的研究。他会将其毕生的精力致力于人为气体——那些由人类排放的气体——的研究，并探究其究竟如何改变大气成分以及整个气候。

汉森的其中一个研究结果就是，“正反馈效应”正在使全球变暖加速。所谓的正反馈效应就是，一件事情的发生、发展受到了另一件事情的刺激，促进了其正向发展。例如，随着气

右图：詹姆斯·汉森博士正在对大气进行研究，并探究人为气体究竟如何对大气产生影响

候变暖，极地冰雪开始融化。雪是白色的，并会反射阳光，但是当它融化以后，就会使更多的深海暴露出来。深蓝色的海水比海冰吸收更多的阳光和热量，从而加速海洋的暖化，也会加速地球变暖。据汉森称，正反馈效应在某种程度上加速了全球变暖。

他在美国国会面前提供证词时说全球变暖不仅关乎个人，更是关乎全球的存亡。他也讲述了气候变化对大自然产生的恶劣影响。对此，他也向美国国会报告了化石燃料的相关数据。人类将其从地底下挖出来，并用它们来发电、为汽车及工厂提供能源动力等。汉森说，“化石燃料是引起气候变化的元凶”。

在汉森的职业生涯中，曾两次与美国国家航空航天局合作。而在合作的过程中，美国政府要员曾多次试图劝阻汉森不要将气候变化的内幕公之于众。1989 年，一位议员曾质问汉森，为什么他的国会证词与他的单位提供的书面报告内容不一致。汉森指出，那一定是有人做了手脚，替换了他的报告。另一次发生在 2006 年，一位企业经理也曾试图阻止汉森与记者们交谈。上面所讲的这些都是某些人企图隐藏科学真相的例子，因为他们不喜欢真相大白所产生的后果。然而，汉森拥有一颗勇敢的心，他敢于讲出真话，并将气候变化的事实告之国会和大众。他知道作为一名科学家，在道义上他有责任将他的科研成果与世界人民分享。

左图：这张照片显示的是阿拉斯加北部地区，近年来北冰洋的海冰正在慢慢减少。极地夏天低垂的太阳照射着不断上升的雾气，形成了多道彩虹，层层叠叠，互相交映

政府与个人的角色：成功的事例

1963 年在美国本土 48 个州范围内，除了 417 对配对的秃鹰之外，几乎所有的秃鹰都被消灭了。那些濒临灭绝的动植物数量一直在减少。然而 1973 年美国通过了《濒危物种法》（*The Endangered Species Act*，ESA）。在这一法律的保护之下，一旦生物学家发现有一种物种数量正在减少，科学家们和动植物保护组织，或是普通市民都可以向美国鱼类和野生生物局提议，把这类物种列为濒危动物。而政府相关部门就必须对这类动物或植物进行相关调查研究，并向公众征询意见，最终决定要不要列入濒危名单。一旦一种物种被列入这一名单，那么人类对其所有的捕猎、伤害或扰乱行为都是非法的。业主或公园管理员都必须精心保护稀有濒危植物物种，帮助其生存下来。政府和科学家们必须着手共商对策，探讨如何使其免于灭绝。通常情况下，他们会作出决定，来保护动植物的栖息地及其赖以生存的生态系统。《濒危物种法》是挽救濒危物种强而有力的措施。上面所提的秃鹰就是一个很好的例子，50 年后的今天，已经有 10000 对秃鹰得以存活，而且秃鹰已经不再被列入濒危物种了。

左图：在《濒危动物保护法》的保护下，褐鹈鹕等动物们得到了拯救

2005 年生物多样性研究中心（The Center for Biological Diversity，CBD）请求把北极熊列入濒危物种。这是基于加拿大科学家伊恩·斯特林博士（Dr. Ian Stirling）和斯蒂文·阿姆斯川普博士及其他科学家们的研究成果。CBD 是一个由律师、科学家和物种保护专家组成的小型组织。但是自从 1989 年成立以来，他们就与其他物种保护组织一起合作，到今天为止共保护了 335 种物种，帮助建立了 4300 万英亩（约 1740 公顷）栖息地。如果要评选的话，北极熊当之无愧会被列为首批因气候变化而濒临灭绝的动物。将它列入名单，就会引起大众对物种灭绝更加清醒的意识，另一方面也会增加它得救的机会。到目前为止，美国总共有 1326 种动植物被列为濒危物种，其中 93% 的物种数量已经开始增加。这些动物包括：美洲鹤、灰鲸、科特兰莺、南部海獭、灰狼、褐鹈鹕、哥伦比亚白尾鹿、白脚貂以及加州秃鹰，每种动物背后都有一个感人的、成功被拯救的故事。然而，气候变化是一个全球问题。1992 年在巴西里约热内卢，世界各国签署了一项法定协议，目的是减少全球二氧化碳排放量。这个协议被称为《联合国气候变化框架公约》（“*A Framework Convention on Climate Change*”）。然而不幸的是，这个公约并没有要求某些国家减少二氧化碳排放量。后来，公约才明文规定某些国家——并不是所有公约国——必须减少碳排量。这一修正协定被称为《京都议定书》（“*The Kyoto Protocol*”）。共有 160 多个国家签署了这一协定。尽管美国政府官方没有签署这项公约，但是美国的某些州，如加利福尼亚州和佛蒙特州以及 700 多个美国城市都开始按照《京都议定书》的标准来减排了。

成功其实离我们近在咫尺。2006 年，环境学家比尔·麦克基本（Bill McKibben）和他的朋友们思考了很久，想为气

海獭这个物种由此也得到了相应的法律保护

候变化做些什么。于是他们就决定步行去蒙彼利埃市，并请求政府官员签署一项保证书，保证到 2050 年，佛蒙特州将其温室气体减少到目前的 80%。他们也给他们的朋友们写电子邮件，朋友再写给朋友的朋友们……四天之后，竟有 1000 多人参与进来，一起步行到佛蒙特州最大的市中心。这一计划被称作“一步一步走起来”。州政府官员签署了这个保证书。此后，全美有 1400 多个城镇相继效仿他们，也使各自所在城市的政府部门签署了减排保证书。

每个人都有表达心声的权利，然而，如果大家共同发声，就会所向披靡。

这是美国当地正在进行“一步一步走起来”项目活动，
活动成员正在请求官员签署减排保证书

CONGRESS
ON 80% BY 2050

作者简介

林恩・切利（Lynne Cherry）著作并绘制了 30 多本环保书籍，包括儿童文学、雨林经典著作《大木棉树》（*The Great Kapok Tree*）。她的书籍雄辩地展示了她激情的承诺，通过去户外和激励孩子们改变世界让孩子们走向大自然。其中她的一部著作《奔流之河》（*A River Ran Wild*）讲述了新英格兰纳舒厄河的故事。林恩・切利深信，如果人们——包括儿童——了解正在发生的事情和原因，在保护我们居住的地球家园方面，他们就可以做出更多的贡献。

加里·布拉希（Gary Braasch）是一位获得安塞尔·亚当斯摄影奖（Ansel Adams Award）的摄影记者，他的相机和好奇心对准的是全球变暖所带来的变化。1999年，他开始旅行全球，为的是记录这些变化。从南极到安第斯山脉，从珊瑚礁到雨林的檐篷，加里·布拉希与世界各地的许多科学家一起，看到了正在持续的惊人变化。这本书中的许多照片都是他在旅行中拍摄的。他的照片出现在《国家地理》、《生命》、《时间》，《科学美国人》等许多杂志上。他的《烈火中的地球：全球变暖正在改变世界》一书令人震惊。这是一本说明气候变化影响的指南，告诉人们如何来控制全球变暖。

关于本书

自然摄影记者加里·布拉希发现，美国阿拉斯加州的气温自 20 世纪 90 年代以来越来越高。他主持的项目“全球变暖之世界景观”纪实性地报道了受全球变暖影响的地方及其对当地人民生活带来的变化，这个项目由全球 50 多名气候科学家共同完成。如今，这一项目已被编辑成一本厚达 280 页名为《烈火中的地球：全球变暖正在改变世界》的大型画册，并已出版。它特载了布拉希所拍摄的华丽照片以及引人入胜的讲解。本书向读者讲述了气候变化的真相及其应对措施。本书是《烈火中的地球》的儿童版，它向读者展示了科学家与全世界的儿童探索全球变暖真相的过程。作者林恩·切利是一名作家兼插画家，著有 30 多部儿童读物。她深受布拉希照片的激发，并开始对其文本进行改编。此外，他们还将真人真事编入此书。这些真实故事包括班级调查、户外探索以及科学研究。

致谢

我们特别感谢那些对此书做出贡献的科学家们，因为他们的研究和合作，本书才得以完成。

特别谢谢各位老师和同学们，老师们的名字是玛丽·埃伦·波尔戈隆、弗兰·波西、艾米·克拉普、玛丽·塔夫特小姐与洛里·佩因特以及他们的天气 RATS，同时也感谢卢·吉安斯克为我们绘制美丽的插画。

我们也特别感激佛蒙特州航空公司，大西洋环境中心的汤姆·霍恩以及科罗拉多树联盟的凯瑟琳·亚历山大编写和编译了本单位的网页信息。谢谢拉尔夫·坎贝尔，康奈尔大学鸟类学实验室的卡伦·库珀，贾尼斯·迪金森，凯伦·珀赛尔，珍妮弗·邵斯，珍妮弗·舍克，戴安娜·特萨葛丽亚－海姆斯，“一路向北”项目的伊丽莎白·霍华德，海洋生物实验室的休·达克娄、杰瑞·米丽罗、布鲁斯·彼得森、古斯·沙维尔，黑脉金斑蝶幼虫检测项目负责人凯伦·奥伯豪森，普林斯顿环境研究院、普林斯顿大学的迈克尔·本德，史蒂夫·帕卡拉，罗伯特·索科罗，豪尔赫·萨尔米恩托，花季追踪项目的桑德拉·亨德森；谢谢《科学美国人》杂志社的罗伯特·索科罗与珍·克里斯蒂安森允许我们复制她的稳定三角形图解；谢谢斯克里普斯海洋研究所为我们提供基林曲线图、基林和戈尔的照片，拉尔夫·基林和理查德·诺里斯提供照片并阅读了本书文稿；谢谢“一步一步走起来”项目的发起人比尔·麦克基本和他的志愿者们；谢谢马萨诸塞州大学艾默斯特分校的林恩·马古利斯、雷·布拉德利和迈克尔·曼，谢谢雷审读本书文稿。

谢谢伍兹霍尔海洋科学研究所的劳埃德·基格温，伍兹霍尔研究中心的乔治·沃德威尔和马克思·福尔摩斯，世界野生动物基金会的马修·班克斯，也谢谢斯蒂芬·施耐德。

谢谢澳大利亚节目主持人彼得，克里斯汀·麦克尼斯，菲尔和利比·奥尼尔，杰夫·彻丽瓦尔德，斯蒂芬·威廉姆斯，以及加利福尼亚州的克莱尔·克莱门和查理·法曼。

谢谢美国科学促进会、美国生物研究所、美国鸟类联盟、美国生态学会、美国科学教师协会、综合与比较生物学会以及美国生态环境记者协会接受我们的采访。

本书作者也特别感激那些科学界和文艺界的专家和朋友，他们是来自康奈尔大学鸟类学实验室的研究人员，霍德学院的凯西・法尔克斯坦，海洋生物学实验室的乔治・霍比、帕姆・克拉普，国家标准菌库的马克・麦迪森，普林斯顿大学的西门・列文、雪莉・迪尔曼，斯密森学会植物学部门的乔治・克莱斯，马萨诸塞州大学艾默斯特分校的地球科学系的林恩・马古利斯、雷・布拉德利，伍兹霍尔海洋地理研究所的拉里・马丁、迈克尔・莫里以及谢丽・劳森。林恩也感谢下面这些朋友们：路德・卡佩兰、埃里克・拉尔森、麦克・帕奇里克、乔治・撒奥尔、朱迪・芬威克、谢尔顿・卡兹、艾达威兰德、盖里・威兰德、艾丽莎・沃尔夫森、史蒂夫・克雷斯、汤姆・维瑟尔斯、布鲁斯・沃德林。林恩也谢谢海伦・切利及切利家族。

加里・布拉希也深深地感谢蓝色地球联盟、魏安家族基金会以及汤姆・坎皮恩继续资助他的工作，谢谢美国国家科学基金会、自然资源保护委员会、气候研究所、《发现》杂志和《野生动物》杂志给予的支持，也谢谢美国国家航空航天局戈达德太空飞行中心冰冻圈科学分支的威廉・克拉贝尔博士，阿拉斯加州大学的特里・宾博士，阿拉斯加野生动物管理局的斯科特・施立贝博士，亚利桑那州年轮实验室的拉姆齐・图博士，阿拉斯加州大学环境科学，爱尔兰环境科学协会的维斯安娜・萨克里，国际自然保护摄影师联盟，特别是克里斯蒂娜・米达麦亚。加里还谢谢他的家人以及那些支持他做摄影新闻工作的每个人，这些人已在《烈火中的地球：全球变暖正在改变世界》一书中给予致谢。

两位作者共同感谢格伦・霍菲曼与马菲・韦弗以及本书的编辑和发行人，还有本书的书籍设计师帕蒂・阿诺德。